日本列島の「でこぼこ」風景を読む

Enjoy Landscape

Tales from Topographic Lands in the Japanese Islands

鈴木毅彦

Takehiko Suzuki

ベレ出版

はじめに

長い歴史の中で、人は多くの知識と技術を集積させてきました。都市やコンピュータが登場し、仮想空間、人工知能など、自然からかけ離れた世界を創造してきました。しかし人は自然から逃れられません。多くの自然災害がそれを物語っています。そんな自然と人の接点のひとつが風景です。地表の起伏やその様子を示す単なる映像ではなく、人がそれを見て何かを感じることにより風景という言葉が成り立つように思います。どんなに仮想空間が発達しても、本物の風景以上のものを再現できるとは思えません。本書はそんな自然がつくりだした風景を、誰にでも読んで楽しむことができるようになることを目的とします。

世の中に同じ風景は存在しませんが、似た風景は存在します。その場合共通の地形をもつことがあります。同じ風景は無二であっても類似の風景と地形の組み合わせにはパターンがあります。このことは、はじめて出会う風景からでもその場所の地形の成り立ちの理解が可能であることを意味します。本書の目的はこの理解方法の習得にあります。本書では順番に読むことを想定していません。山、火山、川・湖、海岸など興味あるテーマから読みはじめてください。それでは風景を通じて、日本列島の地形学の物語を楽しんでください。

目次

プロローグ 17

第1章 高い空から眺める日本列島のかたち 29

1 日本列島のかたちと場所——大陸に沿って弧を描く島々 30

空から大きく景色を俯瞰してみると 30
日本のような島国では海岸線が国の形に 32
日本列島と共通点がある国も 34
典型的な島弧とよばれる日本列島 36
地球上のもっとも古い岩石は40億年前のもの 38

2 日本列島のでこぼこをかたちづくってきた原動力とは 40

日本のでこぼこ度はヒマラヤを凌駕している 40

コンニャクは語る 42

電子基準点も証明する 44

日本列島はどのようにしてできたのか 46

3 海と陸のでこぼこが生まれる理由はどこにあるのか 48

風景の大元にはプレートの動きが絡んでいる 48

１９６０年代後半から発展してきたプレート理論 50

プレートテクトニクスとウェーゲナーの着想 52

海溝はプレートが沈み込む場所 54

いくつものプレートがせめぎ合う特異な場所 56

日本列島は変動帯 58

常に海底は連続して更新されている 59

第2章
日本の風景はどのようにしてできたのか 61

1 地平線が見えない日本列島――飽きがこないほど複雑な風景 62
見渡す限りの地平線を眺めることは難しい 62
山また山の日本の風景 64
関東平野の真ん中にいても山がつきまとう 66
ほぼ日本中どこからでも山が見える景色 68
横から見ても上から見ても山の形は複雑 70
島国日本はまた長く複雑な海岸線をもっている 72
「箱庭」のような……!? 73
2 高い山と低い山、平らな平野はどうしてできたか 75
山脈を見れば列島の骨格がわかる 75

山地というのもあるし連峰も連山も山塊も　77
日本の山はどのようにしてできたか　79
日本の平野を眺める　81
比較的高い山で囲まれた低くて平らな盆地　83
平野ができる理由にもさまざま　86
風景に埋没している地面や平野の地下は　87
堆積作用によって形成される平らな地形　88

3 平野も山もその地下地中はどうなっているのか？　91

日本の平野から堆積物をとってしまうと　91
山の下には何がある？　93
いろいろな岩石が細切れ状態になってごちゃ混ぜに　94
付加体——日本列島は掃き寄せられたゴミの塊？　95
陸上で確認できる新しい付加体が四万十帯　96
大事件の連続が日本の風景の原型をつくる　98
日本の山や平野の風景はいつ頃からできたか　100

4 長い時間をかけて変化する風景と「湿潤変動火山帯」 103
扱う時間軸の幅も大きく非常に長い地学の世界 103
地形は時間をかけて少しずつ変化している 104
人が風景から特別な感情を抱くのは 106
風景が変化するその現場は災害地 108
湿潤変動火山帯の宿命的な条件 110

第3章 山々の風景を眺める 113

1 国土の7割は山だといわれる日本では…… 114
地形的な凸部をめぐるいろいろな表現 114
見渡す限りの山の風景はどのようにしてできたか 116
日本アルプスはどのようにしてできたのか 118
日本は「100パーセント」山からできている？ 120

2 縦・横のでこぼこから山を見る 124

山の中でも人は住んでいる——たとえば阿武隈山地 124

緩やかな地形から見た山の生涯 127

地質の種類や分布で決まる地形 131

3 山はいつなぜ山になったか——岩石と地形から読む山の生い立ち 133

山は最初からそこにあったのではなかった 133

持ち上げられながらも削られている山々 135

ありふれた岩石——花こう岩が解き明かす山の秘密 137

世界でいちばん新しい花こう岩が語る最近の急激な隆起 140

4 気候と地質によっても山のでこぼこや風景は変わる 143

水や空気、重力が地形に働きかける力 143

非対称な日本の高山風景を見る 145

氷河はなくても周氷河作用　147
硬い岩石がつくる地形　149
軟らかい岩石がつくる地形――地すべり　153

第４章　火山がつくる日本のでこぼこと風景　157

１　火山は日本のでこぼこの象徴　158
火山とはどんな山なのか　158
日本中には１１１の活火山がある　159
火山のあるところとないところ　161
火山がつくる風景にはどんな特徴があるか　162
「第四紀火山」という専門用語はなぜ生まれたか　164
第四紀火山の例を見る　166

新第三紀の火山——妙義山の場合　168
日本の象徴である富士山は成層火山、しかしその姿はかりそめ　169
いうまでもなく高さは日本一だが　173
雪をかぶる富士山の位置も絶妙　174

2 火山がつくる日本列島のでこぼこ　176

どのようにして火山列島はできたのか　176
火山のつくりだす風景とはどんなものか　177
火口と側火山そして割れ目噴火　178
大規模な噴火とカルデラ　183
池をつくり湖をつくる火山　184
東伊豆単成火山群を見る　188
ストロンボリ式噴火でできたスコリア丘が大室山　190
溶岩流がつくる風景　195

3 火山噴火はでこぼこと風景を大きく変えてしまう 198
崩壊と再生を繰り返す成層火山 198
地形も一変させ風景を大きく変える山体崩壊 200
流れ山が語る各地の成層火山の崩壊 202
九十九島も山体崩壊が生んだ地形 203
現役火山に負けない元火山の地形 206

第5章 谷を流れ凹地を満たす水がつくりだした風景 211

1 掘削し運搬し堆積して……日本の平野は水がつくった 212
高きから低きに流れる水と地表の凹凸 212
水はまず山を叩き渓谷を削る 214
日本の平野は水がつくった 216

坂のない低地を主体とする平野 219
低地を象徴する田の風景 221

2 流れる川がつくりだす地形・風景 226
扇状地——山から流れ出た川が最初につくる地形が扇状地 226
山に近い平野の川・網の目状に流れる河川 228
海に近い平野を蛇行する川 232
海に達した川の河口付近に発達する三角州 237
堆積の基準は海面の高さ 240

3 水がつくった関東平野のでこぼこを眺めてみる 243
平野は低地、台地、それに丘陵から構成されている 243
武蔵野台地はどのようにしてできたか 244
台地のでこぼこ——段丘と段丘崖 246

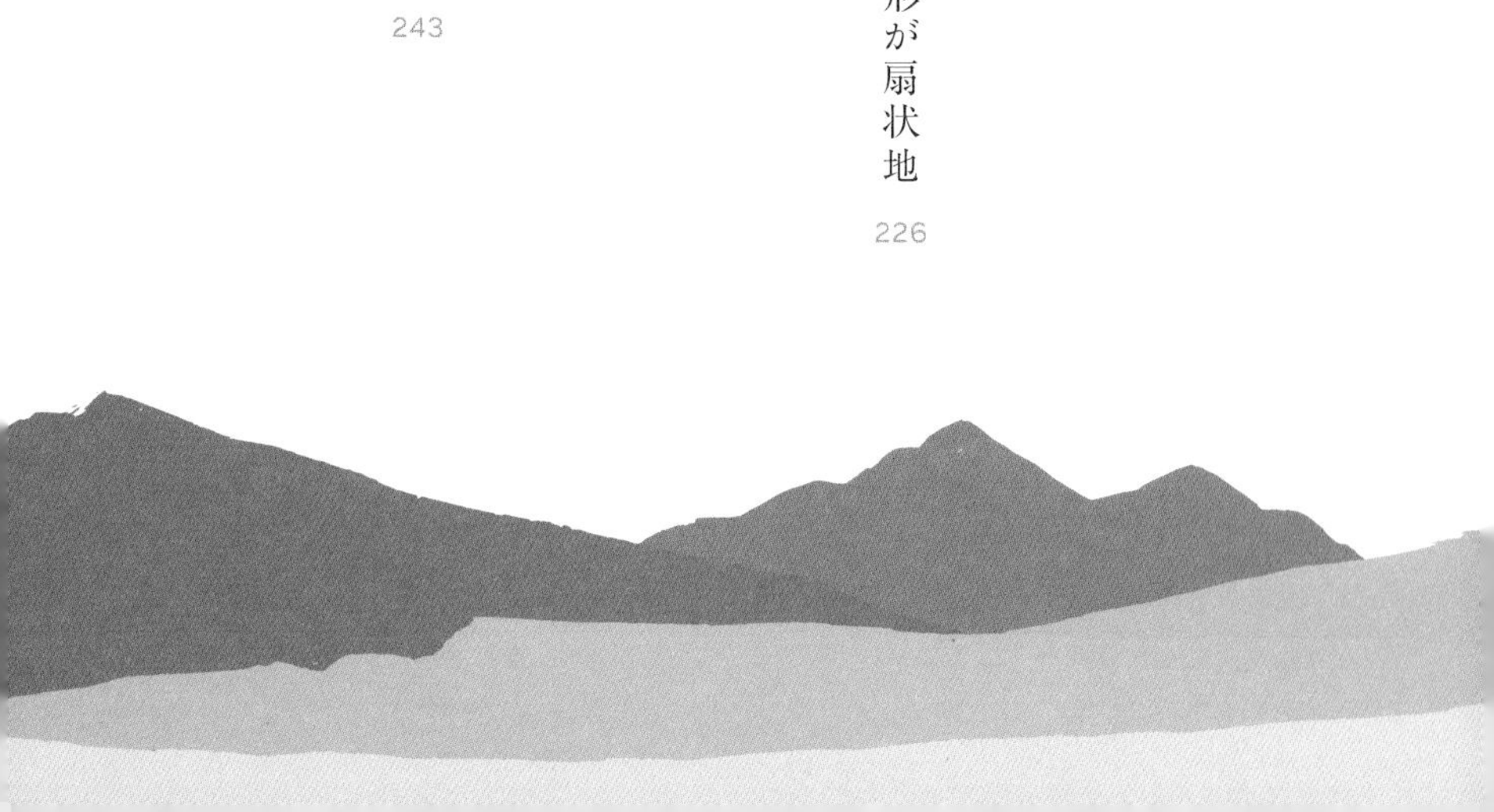

都心部ほど凹凸のある武蔵野台地 248
古東京湾の海底であった淀橋台・荏原台 252
武蔵野台地のほとんどは扇状地だった 253

4 湖は単なる大きな水たまり？ 257

その形成には厳しい自然現象による変動があった 257
国内でもっとも深い水たまりの謎 259
地震でできた水たまり 261
人工的な水たまり――歴史を語る日本の風景 264
海に起源をもつ水たまり 266
活断層がつくる水たまり 268

第6章 海岸の風景——海と陸の境目に注目してみると 271

1 日本の海岸風景——磯と浜が織りなすどこにもある風景だが 272

陸地と海域の境界線でもある海岸線 272
自然のままとはいえなさそうな海岸線 274
急に海が見たくなったりするのはなぜ 275
海が遠い砂丘 277

2 砂浜の海岸と岩石の海岸 279

白砂青松が象徴する砂浜海岸の風景 279
磯は岩石からなる岩石海岸 281
崖や断崖絶壁も 284

3 **海岸風景に隠された日本列島の遠い将来** 288
時間とともに変化する（日本の）面積 288
後戻りできる地形——砂浜海岸 290
二度と元に戻れない地形——岩石海岸 292
海食崖の後退と風景 297

索引 302

装画・挿画　沢野ひとし

プロローグ

Enjoy Landscape
Tales from Topographic Lands
in the Japanese Islands

あの山は、どうしてそこにあるのでしょう。

この川は、なぜここをこうして流れているのでしょう。

その先にある海と陸地の境は、いつどのようにしてできたのでしょう。

自然の中に住み着いた人間は、そこにどのような手を加え、どんな景観をつくりだしてきたのでしょうか。

＊

日本の風景は、眺めていて飽きません。たとえば、飛行機に乗ってあの小さな窓から外の景色を眺めたとしましょう。離陸直後に見えた空港周辺の建物や田畑が広がる平坦な土地が、いつのまにか緑に覆われた脈々とした山の連なりに変わります。しかし、いつまでも山々が続くわけではなく、少し飛んでいると街や道路が目立つ平野や山に囲まれた盆地が目に飛び込んできます。川面が光る流れも見えるでしょう。

空港の位置や飛行コースによっては、すぐに海の上に出て、でこぼこと入り組んだ複雑な海岸線や単純な緩い弧を描く海岸線が見えるかもしれません。

あらゆる風景は、多かれ少なかれ「でこぼこ」がつくりだしています。

もし、地面にでこぼこがなく、どこまで行っても真っ平らな平面であったとしたら……。もし、この日本が四角とか、直線で仕切られた多角形で形づくられているとしたら……。

そんなところで、あなたははたしてうまく暮らしていけるでしょうか？

＊

小さな島国であるわが日本では、外国のように、飛行機で飛べども飛べども同じ風景が続くということはありません。細切れに常に変化していきます。まるで箱庭のように、いろいろな特徴をもつさまざまな風景をぎっしりと詰め込んだ、といっていいかもしれません。それも日本の風景の特色のひとつといえるでしょう。

地図をたよりにこれらを眺めれば、海岸や山や盆地や、川や街の名前を確かめることもできます。地図マニアでなくとも、目の下にひろがる風景と地図が一致することを確かめると、なぜか安心します。そして、ああそうかと妙に納得したことはないでしょうか。不思議なもので、名前がわかり地図と同じ地形や風景が確かめられただけで、その地域のことがなんとなく身近に感じられて、少しわかったような気分になったりします。

そこでもう一歩踏み込んで風景を見てみましょう。すると、もっといろいろなことに気がつき、疑問もたくさんわいてくることでしょう。

こっちの山は丸くなだらかなのに、なぜあっちの山はギザギザに尖っているのだろうか。あのあたりの海には島ひとつないのに、こっちの海には多くの小島が散らばっているのはどうしてだろうか。

そんなことを考えながら風景を眺めていると、いつまでたっても飽きることがありません。さらに、もしそんな疑問の謎が解けたら、きっと風景の見方・見え方が変わるはずです。

＊

そうした疑問の答えも、場所によって異なり、必ずしも正解はひとつとは限りませんし、じつはまだ確かなことはわからない、という場合だって考えられます。一般的には、角がとれた丸い山々は老年期の山々で、尖っている山はまだ隆起盛んな青年期の山だということができます。一方で、恐竜の背中のようなギザギザになっている山の尾根は、昔の火山の痕跡であるかもしれません。硬い溶岩が浸食からとり残され、いつのまにか芯になった状態で残された岩石だとわかれば、飛行機の窓の下に展開する風景の見え方が変わるでしょう。それを想像すると、今は失われてしまった幻の火山を思い浮かべることさえできます。

多数の島々が散らばっている海は、多島海といい、日本でもいくつかの場所で見ることができます。あるところでは、それは過去に近くの火山が大きく崩れ、海に流れ込んだために生じたものかもしれません。あるいはまた別のところでは、もともと山であったものが沈降して海に溺れてしまい、山のてっぺんだけが島々として残ったのかもしれません。

もし、あなたの飛行機が瀬戸内海上空を飛んでいるとすれば、島のない灘と小島の散らばった瀬戸が、交互に展開している風景を目の下にすることでしょう。正確な答えにはなかなか辿り着けないかもしれません。しかし地質図を見てみると、大きな断層の近くには島が少ない傾向にあります。何か関係があるように思えます。

このようにして風景を眺めていくと、とくに地面のかたち（地形）はどれひとつとして同じものはありません。みんなそれぞれ

個性があり、それが形づくられた長い歴史があります。それがわかれば風景をより深く楽しむことができます。

＊

風景を眺め、それが形づくられた原因や、その長い歴史を感じとるのは、なにも飛行機からだけに限りません。電車でもバスでも、その車窓から風景を楽しむことができます。しかも、山も川も田畑も街も、もっと近くから見ることができます。もちろん、乗り物に乗らないでも山道を歩いている時、あるいは街を散策しているときにも風景は常にすぐそばにあり、広がっています。

誰でもごく普通の日常生活の中、その身のまわりに常に風景はあり、いつも意識しているかどうかは別にして、それを眺めたり感じとったりすることができます。

人が集まって暮らす住宅地やビルが立ち並ぶ市街地は、多くの場合、主に経済的な要因が影響して、川や海のそばの平らな地形に発達しています。けれども、日本全体でみると山々が連なる山地が国土の7割を占めており、人々の多くは限られた平地に集中して生活しています。

人間が手を加えて生活の場につくりだす風景は、山や川などの自然がつくりだす風景とは、成因も性質も異なります。この本では、風景を大きく捉え、「日本という国土の骨格をつくっている風景」という視点から考えてみることにしましょう。

都市の風景にもそれぞれ趣があり、一見無機質なビル街の風景にも美しさや情緒を感じることもできます。また、街の中の公園や、郊外の森や林など植生を主体とした自然のすばらしい風景にも、人々は魅了されることでしょう。しかし、この本でいう風景とは、人工物や植生の風景を論ずるのではなく、それらを全部剝ぎ取った、地形がつくる風景を想像し、眺めて考えてみようというわけです。

＊

たとえば、あなたが東京という街に初めてやってきて、地図を広げて見たとしましょう。すると、渋谷・四谷・市谷・千駄ヶ谷・日比谷・鶯谷・雑司が谷などと「谷」のつく地名がやたら多いことに気がつくかもしれません。また、同様に赤坂・乃木坂・神楽坂といった地下鉄の駅名にもなっている有名な地名のほかにも、もっとたくさんの「坂」のつく地名があることもわかります。

では、東京にはなぜこんなたくさんの坂道があるのか、どうやってできたのか、そんな疑問もわいてきます。

ビルなどの建物に一面を覆われた東京は、じつは平坦な場所に発達した街ではなく、もともとでこぼこだらけの地形の上に広がっていったからなのです。

もし、街の中を歩いていて、道路工事やビル工事などで地面を掘り下げたり、斜面を切り崩したりしていて、少しでも地下の様子がわかるようでしたらそこからもでこぼこの成因を探ることができます。そこに露出する地質と周辺の地形から、その付近の風景の歴史を読みとることができることでしょう。

*

東京の西部には武蔵野台地とよばれる平らな台地が広がり、その南部には国分寺崖線《こくぶんじがいせん》と名づけられた崖が続いています。崖の上にも下にも平らな地形が広がっていますが、崖のところだけ、高さが10～20メートルほど食い違っているのです。そこにも坂道があるでしょう。崖の上も下もどちらも昔の多摩川が流れた跡であり、平らである理由は共通しています。けれども昔の多摩川が流れた時代、つまりそれぞれが多摩川の河原であった時代が異なるのです。

崖の上の平らな地形は、おおよそ10万年前～6万年前の多摩川の河原でした。それに対して下の平らな地形は、4万年前～2万年前のものです。崖の途中や地面の下の地層を調べると、このようにそのできた時代を知ることができます。その崖を登り降りすることによって、4万年以降から6万年以前にタイムスリップできるわけです。崖自体は数万年前にはもうできあがっていたわけですから、旧石器時代の人も縄文時代の人も、等しくそれを眺めていたはずです。そんなことを考えながら、崖の坂道を歩いてみるのも味わい深いものです。

*

街中にある崖や坂道には、川とは関係なくて地震と関係が深いものもあります。活断層です。1995年の兵庫県南部地震や2016年の熊本地震は、活断層の活動による典型的な直下型地震でした。内陸地震ともよばれます。このような活断層は、活動時に地面を上下にずらして段差を生じさせます。しかも活断層は繰り返して活動するので、長い期間に何度も段差を生じさせ、崖が成長していきます。そのような地形は、

日本各地の大都市に見られます。目の前の崖が直下型地震の繰り返しでできあがったことを知れば、崖というひとつの風景を見る目も変わることでしょう。

日本では地震だけでなく、火山噴火や山崩れ、台風や豪雨による洪水などの自然災害が絶えません。２０１７年から２０２０年と続いた日本各地の豪雨災害、木曽御嶽山火山噴火（２０１４年）、東日本大震災（２０１１年）、最近10年間の短い間だけでもいくつもの自然災害が発生しています。じつはこうしたできごとも、風景の中に隠されています。というよりも、風景はこのようにしてつくられていく、というべきなのでしょう。

風景の重要な要素は地形です。でこぼこな地形ができるということは、地表が出っぱったり引っ込んだりするためです。このような地形の変化が急に起きる場に人がいると、大きな影響を受けます。ほとんどの場合が被害をもたらす大厄災となるでしょう。できあがって安定した風景は楽しむことができますが、風景ができる（変化する）その場にはあまり近づきたくないものです。

「風景を読む」ことを通じて、その場で起こりうる自然災害をある程度見通すことができます。風景から過去の歴史を読み解き、それを将来起こりうる可能性に当てはめてみるのです。これは風景を読むことの実学的な側面でしょう。

＊

「風景を読む」という一般にあまり使わない表現をあえて使うのは、目の前に広がっている景色を、ちょっとだけ深掘りして考えてみよう、見る目を少し変えてみよう、というくらいの意味です。その風景は、いったいどういうもので、いつ頃からどのようにしてできたのだろうか……。どうして、こんな形やでこぼこができたのだろうか……。そんな疑問をもって、風景が語る物語を聞いてみよう、ちょっとだけ考えてみよう、という意味です。

旅行に行き、観光地を訪れ、そこでその土地その場所の自慢の絶景に出会う。素晴らしい景色、美しい風景、見事な景観の、どこに感嘆しなぜ惹かれるのでしょう。

タテには山や谷のつくるでこぼこがあり、ヨコにも山と平地の境や川などがつくるでこぼこがあります。また、国土の輪郭を描く海岸線にもでこぼこが連なっています。そうした、無数のでこぼこでできている日本は、さまざまな地形が複雑に入り組み、風景は変化に富んでいます。

その中で暮らすわれわれには、まずその風景をちょっとだけ知り、それからもっともっと興味をもつ手がかりが必要です。そうすれば、誰でも散歩も旅行も何倍も楽しくなるはずでしょう。

この本は、そうした観点から、ごく普通の人の日常の視点から、身のまわりの、目の前に見える景色を少しだけ深く考えてみるための手引きです。自然の風景と、人間がつくってきた景観を眺めながら、タテにもヨコにも、日本のでこぼこをおもしろがり、楽しんでみましょう。

Enjoy Landscape
Tales from Topographic Lands
in the Japanese Islands

第1章
高い空から眺める日本列島のかたち

1 日本列島のかたちと場所――大陸に沿って弧を描く島々

空から大きく景色を俯瞰してみると

国内線の飛行機に乗って、その窓から下界の景色を眺めるのは、また格別な気分です。いつも重力に支配されて、地面にしっかりへばりついて生きているわれわれ人間が、ちょっとの間とはいえ鳥になって空を飛んでいるような感じを味わえるからです。

ジェット旅客機による長距離路線の場合は、空港を飛び立つとすぐに高度を上げて、雲の上に出てから8000～9000メートルの高度で水平飛行に移りますから、下界の風景を眺める時間はあまりありません。しかし、そう飛行距離の長くない路線の場合は、5000～6000メートルくらいの高度を飛ぶので、目の下に地図を見ているように日本各地の地形を俯瞰することができます。

しかし、あなたが宇宙飛行士ではない場合は、せいぜいそのくらいでしか俯瞰すること

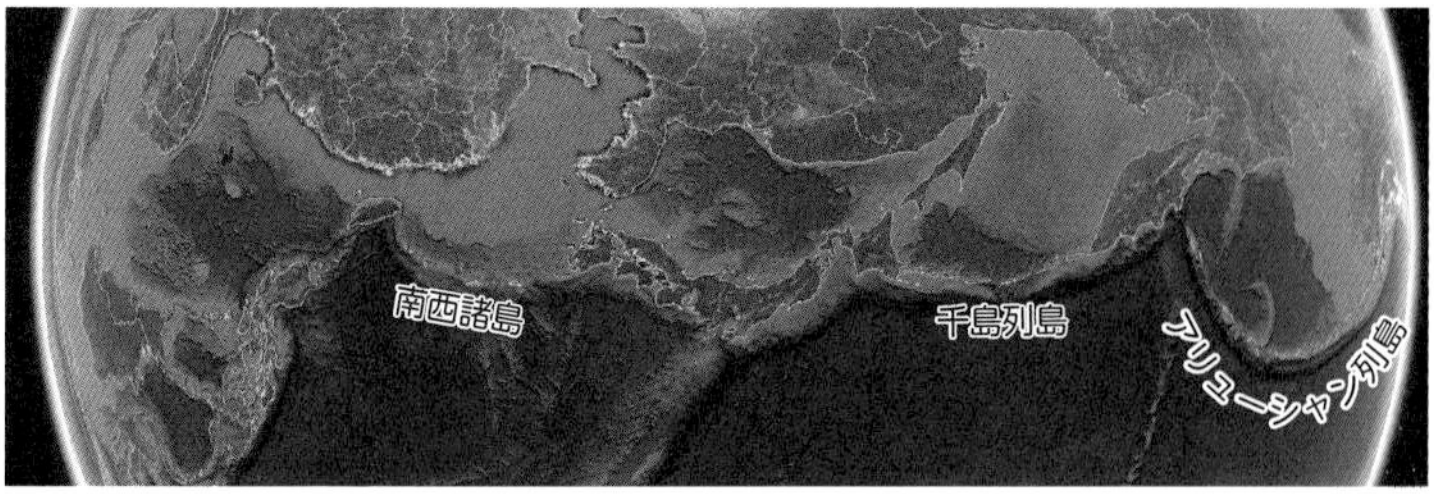

図1・1　高度約7000 km上空から見た日本列島周辺。（Google Earthによる）

はできません。もっと高い空に上がると何が見えるのでしょうか。あとは地図や地球儀で、あるいはグーグルアース（Google社）による衛星写真や、国土地理院の地理院地図などで想像を膨らませて補ってみるしかありません。

そうすると、まず日本列島が大きく弓なりに曲がって連なっていることに気がつくでしょう。北海道から九州までの主要4島だけでなく、よく見ると北では千島列島もアリューシャン列島も、緩い弧を描くカーブに沿って並んでいます。さらに南の南西諸島でも、点在する島々を辿《たど》ると弧を描いているのがわかります。そして、その日本列島の内側には、日本海などが大きく広がっています。

どうしてそうなっているのか、不思議に思ったことはありませんか。

実際、不思議な話なのですが、これも理屈に合ったダイナミックな地球上の動きの結果なのです。そんな大俯瞰風景の説明には、**弧状列島**《こじょうれっとう》、**島弧**《とうこ》、**縁海**《えんかい》、**背弧海盆**《はいこかいぼん》といった専門業界用語がずらずらと並びますが、ここではまず大雑把に捉えておきましょう。

西太平洋に集中している弓なりに続く島々の列は、太平洋側に向かって膨らんでいます。その先には5000メートル以上という深い**海溝**があり、これも島々と平行するように弓なりに続きます。また島々には火山が多いのが特徴で、その分布の仕方も弓なりです。島々の内側は大陸の外縁と半島や島々で囲まれていますが、外洋とも通じている海域がセットになって存在しています。

なぜ弧になるのでしょうか。これは、地球が球体であることと関係します。地球に見立てたピンポン球に圧力をかけて凹ませると、そのふちが弓なりになります。では、凹ませるような強大な力は、いったいどこから加えられているのでしょうか。それは、その下がプレートの沈み込み帯であることがその要因と考えられています。プレートの沈み込み帯とはいったい何か。以下、それを説明してみますが、なぜ沈み込むのか、じつはまだよくわかっていないことも多いのです。

日本のような島国では海岸線が国の形に

子どもは成長するとともに、自分の国の名前と形を自然に覚え、国の概念をもつようになります。

最初は絵本などから知識を広げてきた子どもたちも、世界には多くの国々があり、それぞれ特徴のある形をもち、またいろいろな人々が住み、大きさも大小異なる国々が、たくさんあることを知るようになります。ヨーロッパの国々はなんとなく四角っぽい形のものが多いとか、カナダやアフリカなどでは部分的に直線の国境に囲まれていることにも気がつくかもしれません。大人の知恵と想像力では、直線からなる国境を見ると、これは人為的に決められたものだなと想像することができます。

直線ではない、曲がりくねった国境と国の形は、大河川や高い山の稜線など地形の制約による自然的な国境である場合があります。また、民族の広がり方、集まり方など、人為的にできる国境がでこぼこになるケースもあります。

これに対して、日本のような島国では国の形そのものがほとんど海岸線と領海線で決まります。領海線は普通あまり意識しないので、海岸線そのものが国の形をつくっていることになります。そしてその形には意味があるはずです。

日本列島と共通点がある国も

地図を見るのがおもしろくなった子どもは、次々にいろいろな発見をしていくことでしょう。日本列島のまわりにはいくつも弓なりになった島が並んでいることに気がつき、その太平洋側には濃い青色で描かれたいくつもの海溝に注目するでしょう。インドネシアにも同じような弓なりの島と海溝があることに気づくかもしれません。なおも赤道を越えていくとニュージーランドという一見、日本の本州と北海道をたし合わせたような形をもつ国があることも、子どもたちはすぐに気がつくようです。

インドネシアやニュージーランドには、日本列島といくつかの共通点があります。

インドネシアも、弧を描いた列島からなります。スマトラ島、ジャワ島、それに日本人にもなじみのあるバリ島などの連なりは、インド洋に向けて少しだけ凸な弧を描いています。また、インドネシアは日本と同じく地震と火山で知られています。２００４年のスマトラ島沖の巨大地震では、津波による多数の犠牲者が生じ、史上最大の津波災害となりました。１８００年代には、タンボラ火山やクラカタウ火山で、大きな噴火が発生しました。

そのインドネシアでも、日本海溝と同じように南西の沖合に、島々と平行に**ジャワ海溝**と

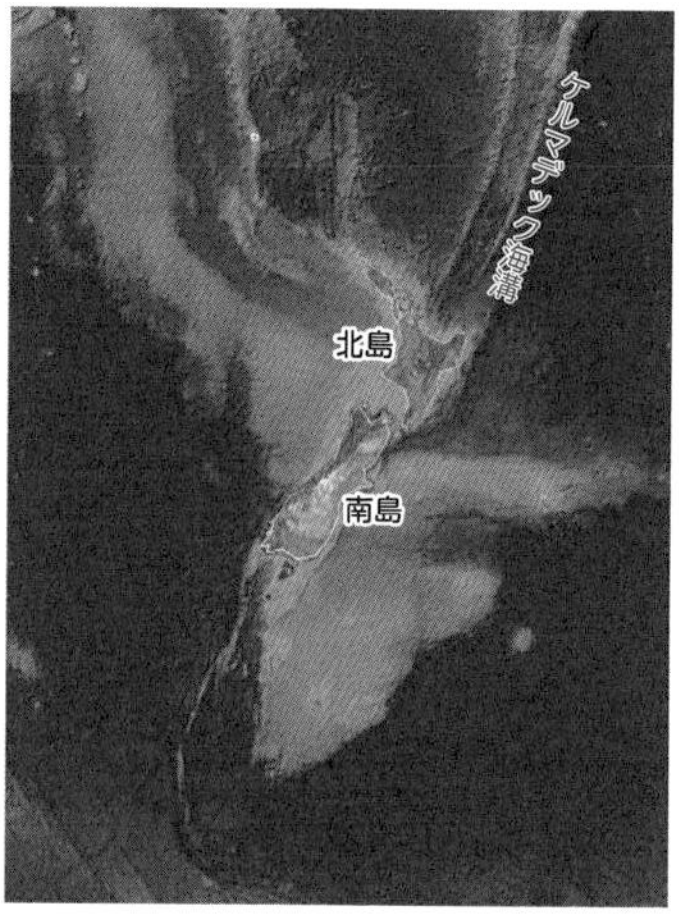

ニュージーランド

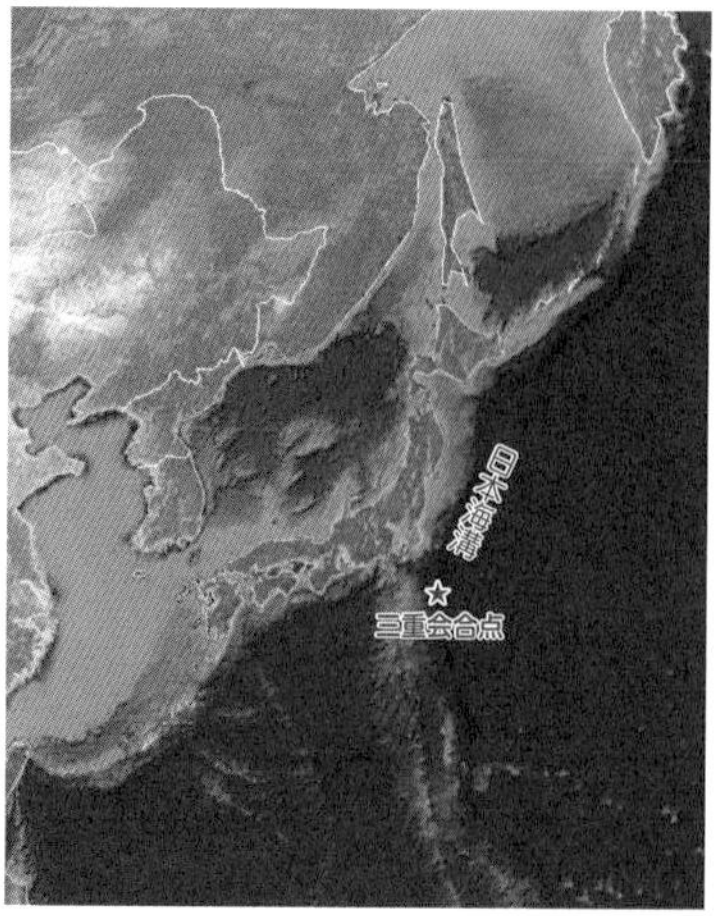

日本周辺

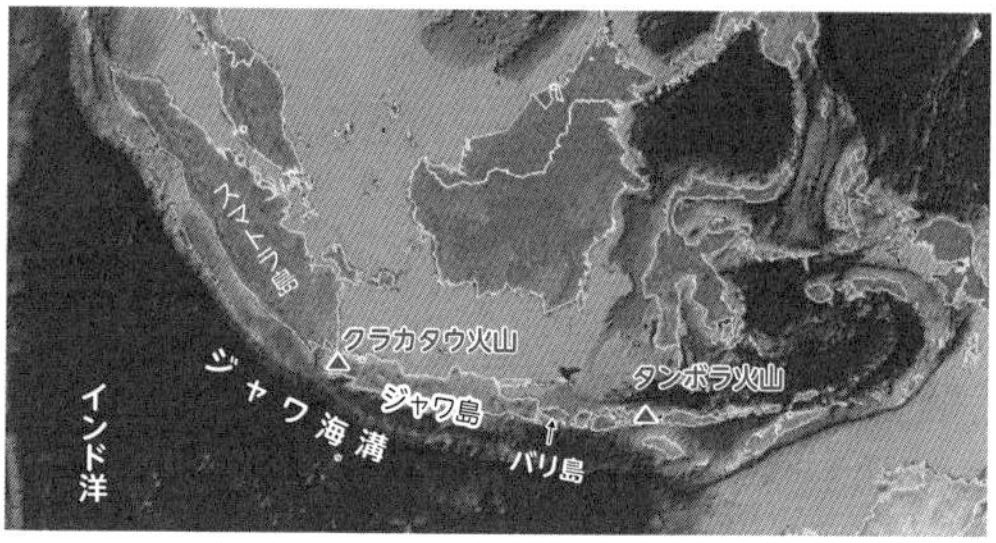

インドネシア

図1・2　高度約6150km上空から見た日本、ニュージーランド、インドネシアの概形と海溝。（Google Earthによる）

いう深い海溝が伸びています。

ニュージーランドには、まるで北海道のように見える北島《きたじま》があり、本州を四角くしたように見える南島《みなみじま》もあります。北島には火山があり、最近でも近くの沖合で犠牲者の生じた噴火が起きました。南島には火山はありませんが、富士山くらいの高い山もあり、日本とよく似ています。そして北島の北北東側沖合には、ケルマデック海溝とよばれる深い溝状のくぼみが存在します。これは北日本と日本海溝の関係と一致します。これは偶然ではないのです。じつは海溝はプレートが沈み込む場所であり、沈み込まれたインドネシア、ニュージーランド、日本は強い力を受けるため、山が誕生します。また、沈み込んだプレートは深い地下でマグマを生じさせ、火山もつくられるのです。

典型的な島弧とよばれる日本列島

列島が弧を描く日本やインドネシアは、弧状列島とか島弧、また海溝を合わせて**島弧ー海溝系**とよばれています。その様子が花や葉などを綱状に編んだ飾りの花綵《はなづな》に似ているというので、**花綵《かさい》列島**という風雅な名でもよばれることもあります。広く大きい島は伴わなくても、アリューシャン列島や千島列島、南西諸島なども同様です。

また、列島ではありませんが、細長い国土をもつ南米のチリにも隣国との国境沿いに高まりがあります。それは高く細長いアンデス山脈であり、ペルー・チリ海溝の東側に弓なりに連なります。

この領域は大陸の一部であり、島弧とよぶわけにはいかないので**陸弧**とよばれます。島弧と陸弧には共通点も多いのですが、陸弧は広大な大陸のふちにあるのに対して、島弧はまわりを海に囲まれています。このように地図上では大きな違いがあります。けれども長い年月をかけて陸弧が島弧になることもあります。それはわれわれが住む日本列島です。

典型的な島弧とよばれる日本列島ですが、背後に広がるのは日本海であり、それはさほど広い海域ではありません。大きな視点で見れば、日本列島はあくまでも大陸に沿って弧を描く島々であり、その間に日本海が存在するというわけです。

元々は、日本もユーラシア大陸の一部であった、と聞いたことのある人も多いことでしょう。かつては日本海がなく、後に日本列島となる部分はユーラシア大陸の東縁をなしていました。いうなれば南米のチリのような陸弧的な存在でした。

ところが、２０００万年前にユーラシア大陸の東端で亀裂が生じ、徐々に裂け目が広がり、ついに日本海ができあがりました。この亀裂のうち太平洋側の部分が大陸から切り離され、それが日本列島の骨格になったのだと考えられているのです。つまり日本列島はもともとユーラシア大陸の陸弧であったところが切り離されて島弧になったのです。

こうしてみると、島弧と陸弧には何か関係がありそうです。いろいろな共通点があり、火山と地震の活動が活発なことが代表的です。また島弧も陸弧も、地球上では凸凹度が高い特殊な場所であり、それは海溝と高い山脈を伴うことに由来します。

地球上のもっとも古い岩石は40億年前のもの

ところで日本海が形成されることで日本列島がユーラシア大陸と分離したのは、今から「2000万年前~1500万年前くらいの間」とされています。想像もつかないような大昔の時期を表わすときには、しばしばこのような表現になり、ずいぶんと幅があります。それは、一時期にエイヤッとばかりにできたわけではないからです。また、古い時期を先に表記し、より新しい時期が後になります。

このような古い大昔の時代を、**地質時代**（**年代**）といいます。人類が誕生したのは600万年くらい前、そして文字などの記録を残す有史時代は、最近の6000年のことでしかありません。地球の誕生が46億年前とされているので、有史時代はその0・0013%にすぎず、残りは地質時代です。もっとも地質時代といっても現在地球上で知られているもっとも古い岩石はおよそ40億年前の岩石で、南極大陸やカナダなど限られた場所にしかありません。ちなみに生命の誕生は38億年前といわれています。意外と古く感じるかもしれません。人類の歴史は短いですが、生命の歴史は長いのです。それに比べると日本列島はとても新しいものです。地質時代は、あくまでも他との関係性や比較においてみる相対的な時間関係で、**代↓紀↓世↓期**といった区分がされます。その区分でいうと、日本列島の今のような形の原型ができたのは、新生代の新第三紀の中新世（２３００万年～５３０万年前）となります。化石や恐竜でおなじみの白亜紀やジュラ紀、石炭紀よりはずっと後のことです。

しかし、日本列島にも白亜紀の地層はあるし、ジュラ紀の化石も見つかります。それはユーラシア大陸の東端にあった地塊が、日本列島の骨格を形成していて、それが日本海の形成で押し出されてきたからにほかなりません。

その頃の日本列島の姿がどんなだったか、まだ確かなことはわかっていませんが、その後のまた長い長い間に、分裂・衝突・隆起・沈降・噴火・堆積・浸食などのあらゆる変動を繰り返してきた末に、だんだんと現在のような地形が形づくられることになったのです。

2 日本列島のでこぼこをかたちづくってきた原動力とは

日本のでこぼこ度はヒマラヤを凌駕している

弧状列島である日本列島は、起伏に富んでいます。3000メートル級の山がいくつもあります。これだけでも充分に起伏があることを証明していますが、8000メートル級のヒマラヤ山脈に比べると、なんだか見劣りがするようにも思えます。

しかし、本当の起伏を見るのであれば、陸上の地形だけにとらわれてはいけません。海の下の海底地形にも着目して、その深さ（低さ）、凹み具合をも合わせて考える必要があります。

そのような目でみると、日本列島周辺はヒマラヤ山脈以上に起伏が大きいようです。**島弧−海溝系**からなる日本列島周辺のもっとも低い場所は、東京から250キロメートル南東の伊豆・小笠原海溝と相模トラフの出合う付近で、そこは**三重会合点**（**トリプルジャン**

クション）とよばれています。

その水深は9千メートルに及び、付近は**坂東深海盆**《ばんどう》と名づけられています。関東地方を意味する古名「坂東」に由来するものですが、坂東深海盆と日本最高地点の富士山の間は、300キロメートル程度しか離れていません。けれども、その富士山頂と坂東深海盆の標高差は、1万3千メートルを超えています。内陸に位置するエベレストの場合、そこから半径500キロメートル以内は陸域であるため、標高差は最大でもその標高の約8850メートル以下となります。

こうしてみると、日本周辺域のでこぼこ度は、著しく大きいのです。なぜこんなに、でこぼこが著しいのでしょうか。

このような高低のでこぼこを生み出す原因はいろいろ考えられますが、重要な作用は隆起と沈降によるものです。そして、これらは地下の岩盤の、想像を絶するような激しいふるまい方によって起こります。

また、火山では地下からマグマが供給され、噴火のたびに噴出した溶岩や火山灰などが堆積して積み重なるので、やはり凸の地形をつくりだしていきます。

コンニャクは語る

ここではまず、**隆起・沈降**について考えてみます。かつての地球科学の研究分野では隆起・沈降を考えるのに、そこの地域での上下方向の動きを重視する**地向斜**《ちこうしゃ》という考え方が主流でした。しかし、それだけではうまく説明ができず、地面の中の横方向、すなわち水平方向の力の働きが重要であることに気づかれ始めました。水平方向の力の原動力は、水平方向に移動するプレートとよばれる地球表面を覆う岩盤の動きにあります。これについてはまた後で述べることにして、まず水平方向の力から見ていきましょう。

ものに力を加えると砕けたり、変形したりします。そこでどのようなふるまいがあるかは、力を受けるものの性質によります。砕けて割れたり、変形の結果、ある部分が局所的に膨らんだりシワがよるかもしれません。もし、日本列島の地下で水平方向に力がかかることがあれば、このようなことが起こり、断層という地下のひび割れが動いて、隆起・沈降という直接でこぼこの原因になる現象が起きるかもしれません。そのようなことは、日本列島で本当に起きているのでしょうか。

その前に、ものに力を加えた場合の変形の様子を考えてみましょう。図1・3は、地球

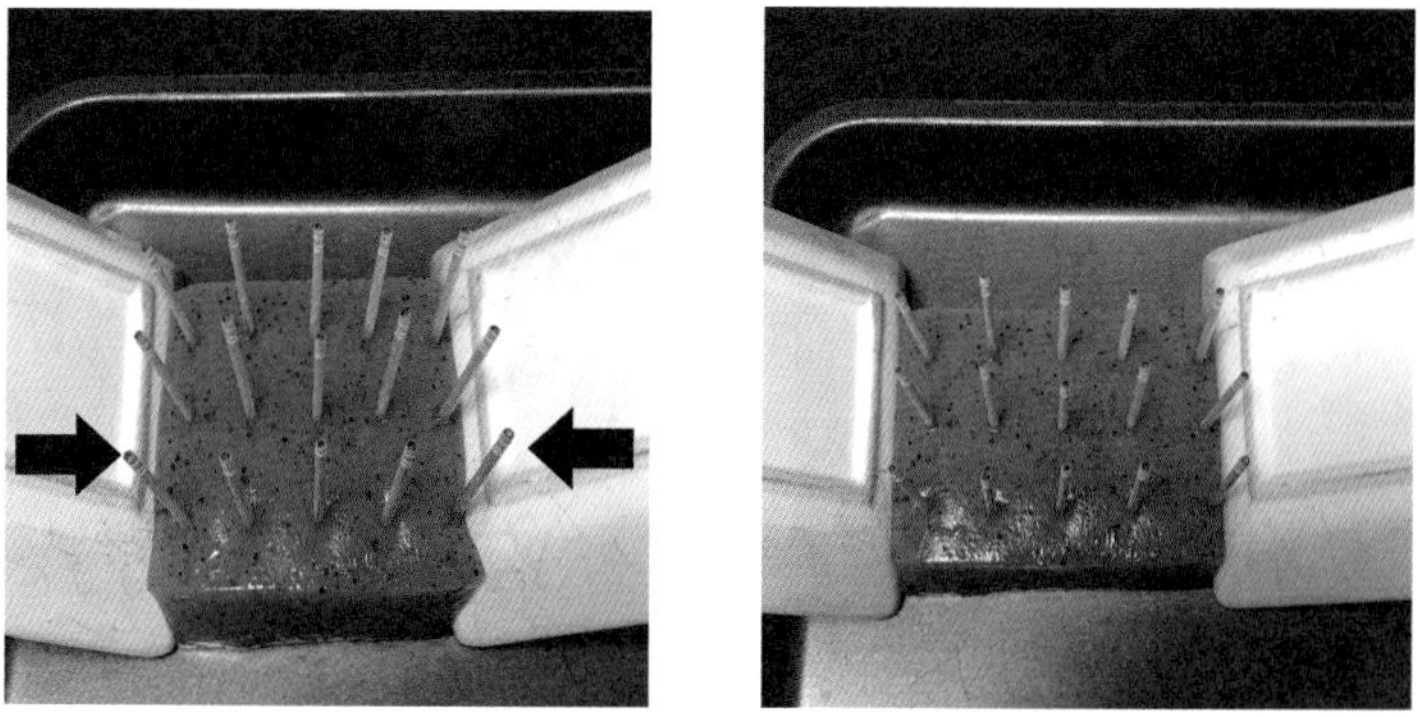

図1・3　地球の表面に見立てたコンニャクに力を加える実験。

の表面と地下に見立てたコンニャクです。コンニャクを選んだ理由は、力を加えると変形するからです。これはじつは重要なことで、地下のふるまいを実験するには単純に岩石を実験室に持ち込めばよいわけではありません。立方体に岩石を整形して万力のようなもので挟んで強い力を加えると最後は割れたり砕けたりしておしまいです。実際の地下はもっと複雑です。割れる場合もあれば、押されて変形することにより力をやり過ごすこともあります。変形を強調するにはコンニャクがよいのです。片方を動かさずに固定し、もう片方から力を加えると変形します。その様子を捉えるために、あらかじめ縦横等間隔に爪楊枝が刺さっています。力を加えると左の写真のように変形し、力を加えた側の爪楊枝の間隔が力のかかる方向に

図1・4　右は電子基準点（神津島）とその記号（1997年から使用されている）。左は測量の主役であった三角点（東京都町田市）とその記号。現在、左の三角点は造成により消失。

短くなります。コンニャクが圧力によって変形している様子が、よくわかります。

これと同じようなことが、じつは日本列島でもやはり起きているです。

電子基準点も証明する

図1・4の右の写真は、日本各地の約1300地点に設置されている**電子基準点**です。電子基準点は写真のようにマッチ棒状の見かけをもつもので、その役割は**三角点**と同じです。地中から頭を出している石柱の三角点とは異なり、電子基準点は人工衛星からの電波をキャッチし、その正確な位置を計

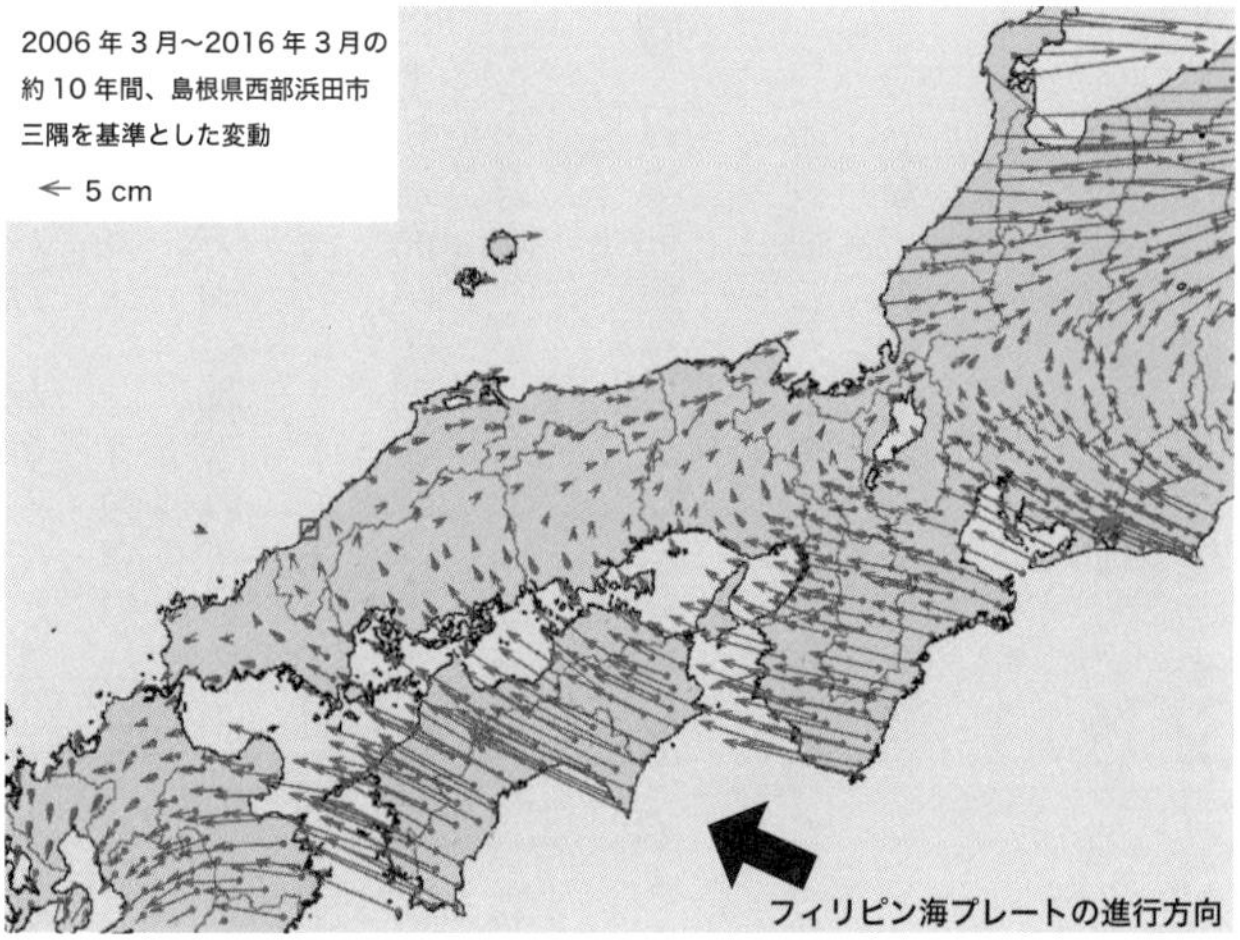

図1・5　GPSによる長期の地殻変動。(国土地理院による図を改変)

測するものです。スマートフォンのGPS機能と同様ですが、計測精度がはるかに高いものです。

持ち運びするスマートフォンでは、その位置情報として現在地を知る上で意味がありますが、地面に固定された電子基準点の位置を計測する意味はあるのでしょうか。この点が重要です。電子基準点は、その設置された位置が移動した場合、その移動量をセンチメートル単位で知ることができるのです。

図1・5は2006年3月から2016年3月の期間の中部地方から四国にかけての地面の動きを捉えたもので、太平洋岸では一様に西北西の方向に数十セン

チメートル以上移動していることがわかります。

先述のコンニャクの変形からすると、御前崎《おまえざき》付近から四国にかけて太平洋側から絶えず西北西方向に押されていることを示しているのです。この力の源は西北西に移動するフィリピン海プレートであり、日本列島の西半分を強く押しているのです。力が加わることにより地面が変形し、そしてこれらの地域で地震が発生し、海岸や山が隆起します。つまりこの力こそが、日本列島のでこぼこをつくる原動力のひとつなのです。

日本列島はどのようにしてできたのか

日本列島にかかる力は、年間数センチメートル程度の変形を生じさせる小さくわずかなものでも、それが長い年月を経ることによって、でこぼこをつくるだけではなく、陸地をも大きく動かすような大変動をもたらすのです。

「不動の大地」とか「動かざること山の如し」といった言葉がありますが、ここではいったんそんな常識は捨ててしまわなければなりません。大地は変わる、山も動く……。

大陸も、じつは長い長い時間をかけて移動していることや、プレートテクトニクスのことなどは、きっとどこかで聞いたか読んだかした方も多いでしょう。現在のような日本の島々、列島の姿の並び方も、そうした地球の動きがつくりだしたものです。

大昔のそのまたもっともっと大昔、ユーラシア大陸という巨大な大陸の東の端っこで、大陸の一部が割れて東へ押し出されます。そして、その間に日本海となる海が形成され、その拡大とともに日本列島となる陸の塊も東に移動していきます。

その細長い形をした陸塊には、回転する力が別々に加わり、ちょうどふたつに折れ曲げるような形になります。

大陸の端から離れたのが2000万年前くらいですから、それから数えると現在のような列島になるまでには、2000万年という時間をかけたことになります。

国土がつくられ風景が形づくられるには、じつに膨大な時の流れが必要で、どんな景色もその時間を経てきたのです。現在に至るまで、そして、その後も絶えず形を変える隆起・沈降・浸食・堆積・崩落・流出など、さまざまな動きは続いているのです。

3 海と陸のでこぼこが生まれる理由はどこにあるのか

風景の大元にはプレートの動きが絡んでいる

風景というのは、われわれが目にしている地球上の表面の形です。それをつくり動かしているのはその地面の下、地中深く、地球内部の構造や活動に多くの原因があります。

地面の下には、だいたい厚さ10～40キロメートルくらいの岩石の層があり、これを**地殻**とよんでいます。地殻は地上だけでなく海の底にもあるので、地球上をくまなく覆っていることになります。地球の半径は、約6400キロメートルですから、全体からみるとごく薄いタマゴの殻のようなものだとよくいわれています（図1・6）。

その下は、約2900キロメートルまでは、**マントル**といわれるこれも岩石の層が厚くとり囲んでいます。マントルは約670キロメートルまでのところを境目にして、**上部マントル**と**下部マントル**に分けられます。

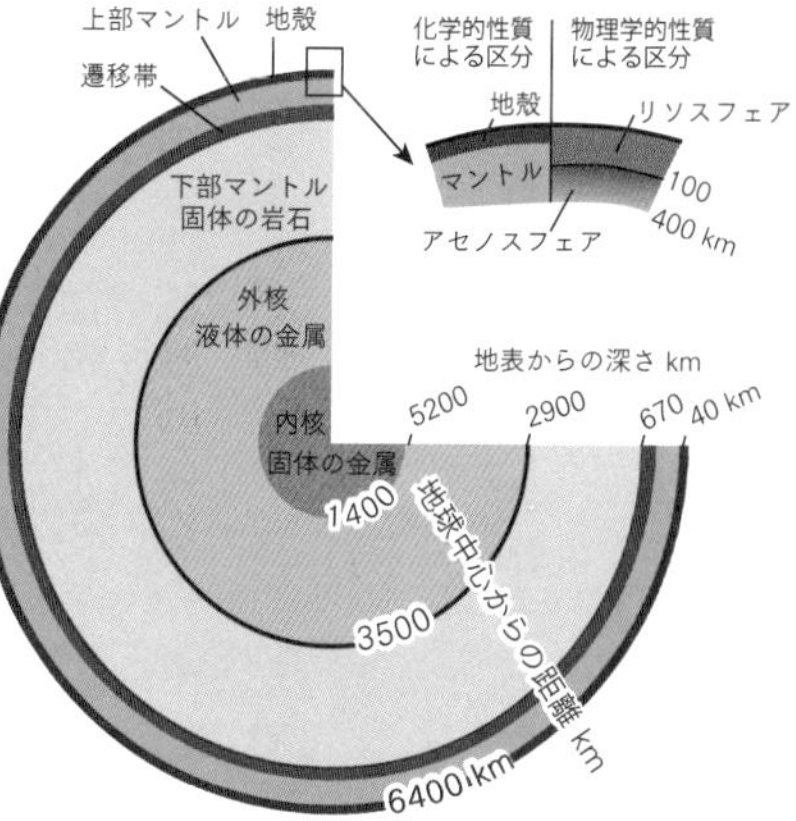

図1・6　地球の内部構造。

マントルのさらに内側は、金属質で**核**（**コア**）とよばれ、これも約5200キロメートルまでを**外核**、その内側を**内核**といい、両方合わせるとその地球の中心からの半径は、約3500キロメートルほどになります。

地球を輪切りにしてみると、およそこのような内部構造になります。地殻とかマントルという捉え方は、元素組成などの化学的性質からみたものですが、もうひとつ別に、地殻と上部マントルを合わせた部分を物理学的に捉える分け方があります。それでみると低温で粘性が大きく硬い上側は**リソスフェア**で、高温で粘性が小さく軟らかく流動的な下側は**アセノスフェア**とよばれます。上側と下側の境界は、だいたい地下100キロメートルくらいにあるとされています。

このうち上側のリソスフェアの部分をプレートとよぶのです。プレートには、大陸の地下を構成している**大陸プレート**と、海の下で海底をつくっている**海洋プレート**があります。

地球の表面は、十数枚もの不定形のプレートで、くまなく包まれているのですが、プレートの下は流動的なので、その上に乗っかっている硬いプレートも動くというわけです。プレートが動くということが、今われわれが眺めることのできる風景の大元をつくりだしている基本的な要因のひとつともいえるのです。

1960年代後半から発展してきたプレート理論

まんべんなく地球の表面を覆って水平移動している、十数枚の不規則な形をしたプレートには、主に海洋底をつくっている海洋プレートと、主に大陸塊をつくっている大陸プレート、そしてその両方をつくっているものがあります。

プレートは、マントルの最上部とその上に乗っかる地殻が合わさったリソスフェアからできています。人間が手を下してかろうじてその上っ面をじかに知ることができるのは地殻に限られます。その厚さは、海洋で6キロメートルくらいしかありません。一方、大陸の地殻の厚さは30～40キロメートルくらいです。人類がこれまでに実施したもっとも深い掘削はロシアのコラ半島で行なわれ、その深度は約12キロメートルで地殻内に限られます。現在、地殻の厚さがより薄い海洋底でマントルを目ざす計画が進んでいますがまだ未到達です。宇宙に比べて地球内部は身近に感じるかもしれませんが、実際にはこのように遠い存在です。

日本列島付近では、太平洋側の**太平洋プレート**と**フィリピン海プレート**が海洋プレートで、**北米プレート**は大陸と海洋からなるプレート、日本海側の**ユーラシアプレート**は大陸プレートです。

それらのプレートの境界での動きが造山運動などをはじめとする地球上の地学現象や変動に関係していることを、地球的規模でトータルで捉え、体系化しようとする理論が、1960年代後半から発展してきたプレートの理論、**プレートテクトニクス**なのです。

言い換えれば、地球の表面が相対的に移動するプレートにより覆われ、それらの運動により地震活動や火山活動が活発な、世界の変動帯といわれる地域でのさまざまな動きを説明するのが、このプレートテクトニクスとよばれる考え方です。

プレートテクトニクスとウェーゲナーの着想

地球を研究する地球科学の中では極めて重要な、プレートテクトニクスの考え方・見方が、世の中に現れたのは１９６０年代頃であり、そう古い昔のことではありません。ある本の中では、プレートテクトニクスは科学における重要な５つのアイデアのひとつとされ、物理学の原子構造、化学の周期表、天文学のビッグバンと量子力学、生物学における進化論と並べられたくらい、そのインパクトは大きかったのです。

けれども、プレートテクトニクスの考え方は、１９６０年代になって突然現れたものではなく、それを証明するデータがほとんど存在しない時代にも、その萌芽的な見方が示されていました。それは**アルフレッド・ウェーゲナー**（ドイツの気象学者）による**大陸移動説**とよばれるもので、『大陸と海洋の起源』という１９１５年に記された著書で述べられています。

ウェーゲナーによる大陸移動説の考え方は、大西洋をはさんだ南米大陸東岸とアフリカ大陸西岸の海岸線がジグソーパズルのようにピタリと一致することに、その着想を得たといわれています。

しかしこの画期的な考え方は、その後広い支持は得られず、大多数の人からは忘れられてしまいました。支持が広がらなかった理由のひとつとして、なぜ大陸が移動するのか、そのエネルギーについて合理的な説明ができなかったからだとされています。

本人もグリーンランドでの調査中に、50歳で亡くなってしまいました。ところが数十年後、再びその理論が見直され、形を変えながら多くの研究者の新たな発見や研究によって受け継がれながら、プレートテクトニクスとしての考え方に発展してきたのです。

その発展理由には、海底に関する膨大なデータが得られるようになったことがあげられます。ウェーゲナーの大陸移動説は、大きな大陸がふたつに分かれて徐々に離れていき、その間が海になるというものでした。現在はこのように分かれていくところには**海嶺**《かいれい》という海底の大山脈が伸びていることが知られています。しかしウェーゲナーの時代には、海底のデータはまったくといっていいほどありませんでした。現在では、さまざまな調査船などが測量や観測を繰り返してきていますが、そもそも海嶺で海洋底が分かれて拡大していることが最初にわかったのは、第二次世界大戦後に潜水艦を探知するための磁気探査技術が進み、海嶺の両側で岩石の磁気異常が観測されたことで、それにより初めて証明されたといわれています。

両大陸の海岸線の形に着目したのはウェーゲナー一人ではありませんでしたが、そこからこのような考え方に発展していったことにも驚きを感じます。人類はずっとプレートの上で生活をしてきたわけですが、そのプレートの存在に気がつくのには、文明がはじまって以来、じつに何千年もかかったことになります。

そしてその重要な発見の発端が、地図に描かれた大陸の形、高い空から眺める風景に隠されているとは、見なれたものにも何か重要なものが隠されているようで暗示的でもあります。

海溝はプレートが沈み込む場所

プレートは100キロメートル程度の厚さがあり、地球表面は十数枚のプレートに覆われています。日本列島周辺には3(ないし4)枚ほどのプレートが存在しています。つまり、太平洋プレートとフィリピン海プレート、それにユーラシアプレートと、3枚(北米プレートを数えると4枚)のプレートが接しているのです。3枚のプレートが接すると、Yの字のようになります。その交差点(ジャンクション)が、すなわち前に述べた**三重会合点**で、そこはプレート境界の交差点であったわけです。

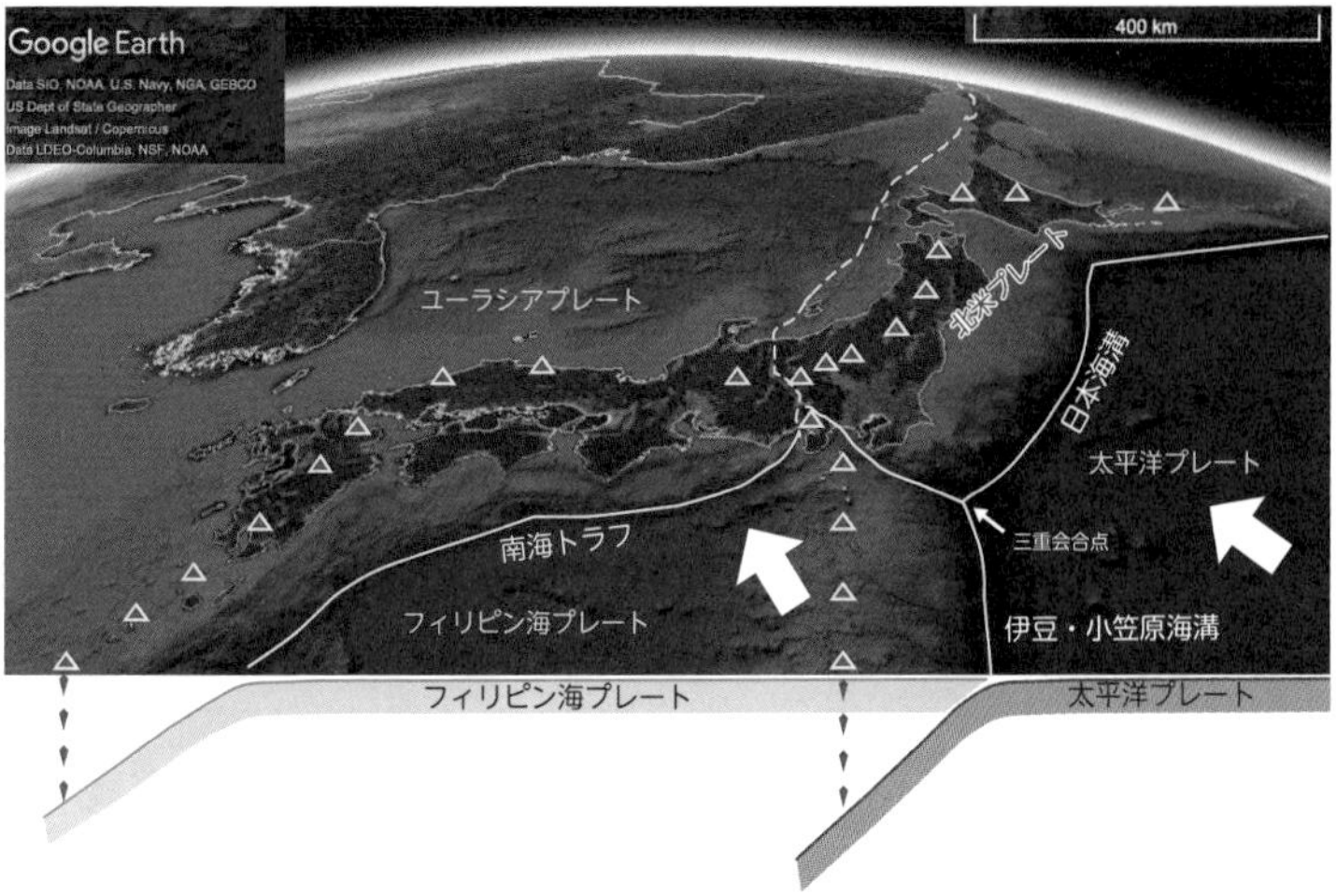

図1・7　日本列島周辺のプレート。黄色の線がプレート境界、白矢印はプレートの移動方向。赤三角は火山。(背景はGoogle Earthによる)

もう少し、日本列島の周辺を詳しく見てみましょう(図1・7)。すると、まず北は千島列島から本州東側にかけて、また伊豆諸島から小笠原諸島にかけての東側の海には、地図では濃い藍色で示されている深い海溝が、縦に長い帯で続いているように示されています。

この海溝のところでは、太平洋プレートとよばれているいわば大きな板のような海洋底が、年に約8センチメートルという速度で西へ移動してきて沈み込んでいます。同様に、東海・四国・九州の南岸沖には、フィリピン海プレートという別の海洋プレートが、**南海トラフ**で沈み込んでいます。トラフというのは、深さが6000メートル以下と比較的浅めで海溝ほど深くはないくぼみのことです。

大陸側はどうかというと、北海道のオホーツク海側から東北にかけては、北米プレートがアメリカ大陸からアリューシャン列島を経てずっと西へ伸びてきており、日本海側は広く大きくユーラシアプレートがデンと居座っています（このうち、北米プレートについては、オホーツク海から日本列島北東部をオホーツクプレートと分けて捉えることもありま す。このようにプレートの分け方と数え方には、まだ定説がありません）。

いくつものプレートがせめぎ合う特異な場所

それぞれの異なるプレートがぶつかり合う境界部では、**衝突**や**すれ違い**や**沈み込み**といったさまざまな動きをしていますが、大陸プレートよりも硬くて密度が大きくて重い海洋プレートは、大陸プレートの下に沈んでいくのです。

日本列島周辺では、東側から海洋プレートである太平洋プレートが移動してきて日本海溝で沈み込み、日本列島が乗っかっている大陸プレートのユーラシアプレート（一部は北米プレートともよばれている）の下に斜めに沈み込んでいきます。

また、西日本の太平洋沖合では南東側からフィリピン海プレートが移動してきています。列島の南側には、**南海トラフ**、**駿河トラフ**、**相模トラフ**といった海の溝があって、そこで日本列島が乗っかるユーラシアプレートの下に斜めに沈み込んでいきます。

海溝という場所は、じつはこの海洋プレートとよばれて海底の表面を構成する岩盤が、海の底で地中深く大陸プレートの下に潜り込んで、地球表面から姿を消している場所だったのです。

そしてさらに、伊豆・小笠原諸島が並ぶ東側の海では、太平洋プレートとフィリピン海プレートのふたつの海洋プレート同士が境界を接しています。

海洋プレート同士のフィリピン海プレートと太平洋プレートの関係については、やや複雑ですが、両者では太平洋プレートのほうが重く、フィリピン海プレートの下に太平洋プレートが沈み込んでいるのです。

このように、日本列島周辺は、北米プレートとユーラシアプレートというふたつの大陸プレートの上のその端っこに乗っかっていますが、東と南からは太平洋プレートとフィリピン海プレートというふたつの海洋プレートが、沈み込んでいます。このようにいくつものプレートがせめぎ合う場所というのは、地球上でも特異なものです。

日本列島は変動帯

太平洋プレートとフィリピン海プレートは、北米プレートやユーラシアプレートの下に潜り込むような動きになっているわけです。じつは一部、伊豆半島のつけ根から富士山付近では、フィリピン海プレートが沈み込めず、本州側に衝突しています。そのことがまたいろいろな地学的な大変動を起こします。

じつはこの沈み込み帯・衝突帯の活動が、日本列島の形成にも、直接大きな影響を及ぼしてきたのです。わかりやすい例でいうと、山の形成や火山の噴火などです。

このように、プレートが移動してきて日本列島の地下に沈み込む際には、日本列島側に沈み込むプレートの力をかけることになります。太平洋プレートは東から西へ移動します。このプレートの影響を直接受けやすい東北地方では、東西方向に強い力が加わるため、東西が縮むようなことになります。東西圧縮などとよぶことがあります。じつはこの力のかかり方で、南北に伸びる東北地方の山のでき方が説明できます。

この力が日本列島の「でこぼこ」をつくる原動力となり、地殻変動を引き起こし、山や平野をつくりだしているのです。とくに山と平野の間には活断層が存在することが多いのですが、この活断層の動き方はこの力によって決まるのです。

また、これとは別のメカニズムによる火山活動も活発です。いろいろな変動が起きますので、このような場所は**変動帯**ともよばれています。力のかかり方や、かかる地面の事情で変形の仕方や程度も大きく変わります。われわれの生活に関わるところでは、温泉が多いことと日本列島が変動帯に位置することは大いに関係します。

常に海底は連続して更新されている

これまでプレートが「消える」とも表現してきましたが、正確には地球内部深くに沈み込むだけで、消えてなくなるという意味ではありません。密度が大きいほうの海洋プレートが、日本列島が乗っかっている大陸プレートの下に沈み込んでいるわけですが、これはプレートには水平に移動する動きがあるということです。つまり、東から西へ横に移動するエネルギーが働いているはずです。

太平洋の海底の南米大陸寄りには、南北に走る**東太平洋海嶺**という海底の山脈があります。

この海嶺とよばれるところでは、常に海底の地中深くから新たなプレートのもとがせり上がってきて海底表面に誕生しています。海嶺は海洋底の地殻とプレートをつくりだしている裂け目（大洋底にある海底山脈）で、地中深くから上昇してきた熱いマントルが溶けてマグマとなり、溶け残ったマントルはその下でプレート下部を構成して、そこから左右に吐き出され海洋地殻となって広がっていくものと考えられています。

地球の表面の面積は一定ですので、新たにプレートができるとどこかでプレートが消えないと辻褄が合いません。この新たにできる場所が海嶺で、消える場所が海溝に相当します。

したがって、海嶺で誕生した太平洋プレートは、北西方向にゆっくりと移動しつつ、その西の端では沈み込んでいるために、常に海底は連続して更新されているわけです。海洋プレートは、１００キロメートルの厚さで広がり、年数センチメートルか10センチメートルのスピードで後ろから押されるように移動し、海溝に沈み込んでいます。

地球の表面はこのようなちょっとした機械仕掛けのようになっていて、沈み込んだプレートは大きなマントル対流の渦の中で、またいつかは海底に湧き上がるという、まことに不思議な、しかし理屈に合った一定の動きを繰り返しているのです。

Enjoy Landscape
Tales from Topographic Lands
in the Japanese Islands

第2章
日本の風景はどのようにしてできたのか

1 地平線が見えない日本列島——飽きがこないほど複雑な風景

見渡す限りの地平線を眺めることは難しい

日本列島の風景の特徴は、何だといえばよいでしょうか。その答えは必ずしもひとつではないでしょう。山が多いというのもそうだろうし、逆に海が見える場所が多いというのも当たっているかもしれません。

それには、日常的な風景をどう捉えるかという絵画的な視点も必要でしょう。たとえば、日本では絵画でもカレンダーなどでも、多くの場合、山、川、海がとりあげられます。江戸時代の浮世絵師・歌川広重による『東海道五十三次』には、富士山をはじめとする山々、渡し舟と川、そして海が東海道のいたるところで描かれています。またそれらは単独ではなく、組み合わせて描かれ、よく見ると必ずといっていいほど、地形の起伏が強調されていることがわかります。

また、海といっても絶海の大海原ではなく、遠景の山などが見えている陸近くの海が描かれています。有名な葛飾北斎の『冨嶽三十六景 神奈川沖浪裏』のように、ダイナミックな高波の隙間に遠方の富士山が描かれています。山、川、海に恵まれた日本の風景の特徴は、地形の起伏にあります。

絵の歴史の中では、宗教画や人物画の添え物でしかなかった風景が、独立して描かれるようになったのは、19世紀の自然主義を背景に戸外へ出て農村の風景を描こうとしたバルビゾン派で隆盛を迎えたとされます。

そのバルビゾン派の一人とされる、フランスの画家ミレー。誰もがその絵柄を思い浮かべることができる、『晩鐘』や『落穂ひろい』を思い出してみると、背後に低い山並みのようなものが見えますが、ほとんど地平線といってもよさそうなものです。

『落穂ひろい』

『冨嶽三十六景 神奈川沖浪裏』

映画や写真などで見る海外の風景は、大きく、どこまで行っても同じような景色が続いて途切れないというものが多くあります。見渡す限り一面の草原とか、砂以外のほかのものがまるでない砂漠のような光景では、その景色が途切れる遙か遠くの地平線が、まさしく一本の線のように見えています。

これに対し日本では、見渡す限りの地平線を眺めることは、なかなか体験しにくいことです。国内のどこにいて、どこから眺めてみても、必ずといってよいほど、遠くを見通せばその視界の向こうには山があるからです。

山また山の日本の風景

子どもが想像で絵を描く場合によくある構図は、家があって木があって、背景には丸い山がポコポコとあって、その上にはお日様が照っている……そんな風景でしょう。山は風景の主な背景をなす、主要なキャラクターというよりも、多くの場合まず主役級です。

それはもちろん、日本中どこへ行っても、どこからでも、見渡せばすぐそばか、近くか遠くか、大きいか小さいか、丸いか尖っているか、とにかく必ず山があり、誰にももっとも見慣れた風景だからです。大都会の東京では、ビル群の向こうの山はだいぶ遠くなりますが、それでも丹沢や奥多摩や筑波山、天気のよい日には富士山も見えるでしょう。濃尾平野の名古屋でも、養老や鈴鹿の山並みは見えるでしょうし、大阪でも河内平野の東には生駒山が常にそこにあります。

見渡しても山がまったく見えないという地上の場所は、日本中探せばどこかにあるのでしょうか。いちばん広いといわれる関東平野ではどうなのでしょうか。建物などの人工物は除けば、もっとも風景が単調で、地平線が見えそうな場所といえば、関東平野や北海道東部の根釧《こんせん》台地くらいしかなさそうです。

しかし、関東地方では、海側となる南部には房総半島と三浦半島がありますが、これらは意外に起伏のある丘陵地が続いていますし、西には丹沢などの山塊が迫ってきます。

したがって、地平線が見えそうなのは関東平野の中心か、それよりやや房総半島側の埼玉県東部から千葉県北西部付近にかけてでしょうか。

おそらく関東平野の真ん中付近の、ごく限られたところだけにその可能性がある、という程度ではないでしょうか（もっとも、見えるか見えないかは、気象的な条件によっても左右されます）。

関東平野の真ん中にいても山がつきまとう

そんな場所ではないかと思われるところを探して、とある天気のよい冬の休日に撮影してみたのがこの場所の図2・1の写真です。

千葉県北西端の関宿《せきやど》町、利根川と江戸川の分岐付近から撮影したパノラマ写真です。晴れていても遠くが見渡せない日だと、あたりは田畑や河川敷が広がるので、地平線らしきものが見えるかもしれません。しかし実際には、見とおしのよい冬の晴れた日だと北東に筑波山が見え、そこから反時計回りに、男体山をはじめ足尾山地、榛名山《はるなさん》、遠くに浅間山、関東山地が見えます。

地平線というには、いささか山が目立ちすぎるようです。このように、関東平野の真ん中にいても山

図２・１　利根川と江戸川の分岐付近から見た関東平野の風景。

がつきまとうのです。

地平線といえば、やはり図２・２のような風景でしょう。

これはアメリカ北西部、オレゴン州のフォート・ロックから撮影したものです。低平な地形が広がる大陸域では、これは典型的な風景ですが、日本の風景ではこのような完璧な地平線を見ることはできません。日本の風景から、山を完全に除外することは、どうやら難しいようです。

海外のような地平線を日本で見ることができないのは、ひとつには国土の規模の大きさがまるで違うということも大きな要因です。

日本列島の主要四島は、本州の幅が広いところで３００キロメートルなのに対し、長さは宗谷岬から東京経由で九州の大隅半島南端まで２１００キロメ

図2・2　米国オレゴン州、フォート・ロックからの遠望。

ートルととても細長いです。主要四島以外の島々（6000を超えます）を加えると、与那国島から択捉《えとろふ》島まで3300キロメートル、宗谷岬から日本最南端の沖ノ鳥島まで2800キロメートルとだいぶ広い領域に広がります。しかし、これを丸ごとサハラ砂漠に持っていっても、すっぽり入るくらいですから、まるで風景のスケールが異なるという違いはあるのです……。

ほぼ日本中どこからでも山が見える景色

平らなところが少ない日本の国土では、陸地のうち山地や丘陵地（標高300メートル以下）が占める割合は75%だといわれています。それくらい、日本は山の多い国です。日本中どこでも山が見えるということは、どこにいても少し移動すればすぐに山の領域に入ってしまうということですから、とにかくほぼ日本中が山また山の連続です。

国内だけで考えていると、それも当然のように思えますが、日本の常識は外国の常識ではありません。よく例に出されるものに、新幹線のトンネルの話があります。日本の東海道新幹線の東京＝名古屋間は、比較的平坦なところを選んで走っているはずですが、それでもその366キロメートルの間には多くの谷や川を渡るために橋が架かり、山を越えるために新丹那《しんたんな》トンネルをはじめ多数のトンネルがあります。ところが、ベルリンとフランクフルトの間500キロメートルを結ぶドイツの高速鉄道には、ほとんどトンネルがなく、ひたすら平原を駆け抜けます。

この一例をとってみても、山が多い日本のイメージは確たるものになりそうです。そんなわが国ではほぼどこにいても、どこからでも山の景色が眺められるわけです。

列車などで移動しながら眺める風景としては、山があり、車窓を変化しながら流れていくので飽きがきません。山があれば、必ずその斜面には、いく筋もの谷が刻み込まれています。山を凸とすれば谷は凹。まさにでこぼこの「山あり谷あり」ですが、その手前や間にはそう広くはないにしても平地（平野）があります。

高速で走行する新幹線に乗り、車窓から1～2時間も風景を眺めていれば、その地形の移り変わりを感じとることができます。細長い日本列島の幅は、せいぜい100〜300キロメートル程度であり、横断ルートとなる太平洋側の東京駅から日本海側の糸魚川駅（北陸新幹線）まで約2時間、縦断ルートからなる新函館北斗駅から鹿児島中央駅までは約11時間かけて2300キロメートルほどを移動することができます。

住宅や市街地など人間の営みがつくりだす風景は別にして、それらが乗っかっている国土の風景として見た場合、いずれもその間車窓の風景がどんどん変わっていくのが特徴です。あまり車窓に変化がなく、風景が単調に見えるのは、日本一広い関東平野くらいでしょう。これを横切るのは北陸・上越新幹線の東京＝高崎間ですが、それでも東京駅を出発して1時間もかからないうちに、もう山地が目の前に迫ってきます。左に関東山地、正面に榛名山、右には赤城山が見えてきます。

横から見ても上から見ても山の形は複雑

そんな山は、どんな風景を見せてくれているでしょうか。

平地に立って横から見る山は、でこぼこの稜線が連なっていて、どこまでも同じような絵が続く巻物のようです。当然、山は平板ではなく、複雑に谷間や峰が入り組んでいて、奥行きがあります。山々が折り重なっているのですが、人間の目ではそれをあまりうまく認識できません。せいぜい、遠くの山と近くの山ではその色や濃淡などが違って見えるくらいでしょうか。

幾重にも折り重なった尾根や谷筋の集まりを、普通の目線では横から見ることになるので、遠くの高い山よりも、だいたい目の前に大きく迫っている山、屏風のようにぐるりと周囲の背景をつくっているのは、名前もついていない低い尾根や峰が連なる低山ということになります。

考えてみれば、山の形くらい複雑で統一性も規則性もなく、勝手気ままなものもありません。横から見た山の形は、ほぼいかにも象形文字で表現される山そのもののような形をしているかもしれませんが、これを上から見たらどうでしょうか。まったく、デタラメと言っていいくらいです。

尾根も繋がっているかと思えば急に落ち込んで切れている、真っ直ぐ伸びるかと思えば横にそれている、高さも下がるのかと思えばまた上がっている、細くなったと思うとまた膨らんで太くなってといった具合です。途中でいくつも枝分かれするようになっているので、多くの山はみんなどこかで繋がっているようにも見えます。

どうして、地図で見る山の形はこんな奇妙な、とりとめのない形になっているのでしょうか。次節と第3章、第4章でとり上げます。

島国日本はまた長く複雑な海岸線をもっている

山国である日本は島国でもあります。日本の国土は、北海道・本州・四国・九州をはじめ、大小さまざまな島の集合体で成り立っています。いちばん大きい島が本州ですが、小さな島となると無数にあります。そこで、海上保安庁は外周が100メートル以上のものを島とよぶとしています。また、満潮時に水没するようなものは島とはいえません。そしてもちろん、四方をぐるりと海に囲まれていること、これらが島の定義です。

そうした島々を数えあげれば、太平洋と日本海に面しているほかに、内海も抱えている日本には、6852もの島々があるそうです。このため、日本の特徴のひとつには、海岸線が長いということもあげられます。島の形が細かく入り組んでいて、でこぼこが多いため、その全延長は3万4000キロメートル近く（赤道一周が4万キロメートル）にもなり、面積では日本に比べると圧倒的に広いアメリカよりも、ずっと長い海岸線をもっているのです。もっともここで注意が必要です。海岸線の長さは通常地図上で計測します。しかし現地で1メートルのものさしで測るとどうなるでしょうか。滑らかな砂浜ではあまり変わらないかもしれませんが、岩だらけの磯浜のような海岸では地図には表現されていない海岸線の凹凸が無数にあります。それらをまじめに測れば海岸線の長さはあっという間に膨れ上がります。

いずれにせよだいたい同じ基準で比べても日本の海岸線の長さはあんなに大きな国アメリカのそれよりも長いなんて、ちょっと意外ですが、それもこれも海岸線が100メートル未満のものも含めて島が多い、島でできている国だから、といえるようです。島のまわりはすべて海岸線ですから、なるほどそれもそうかもしれません。

その海岸線を辿れば、河口があり入江があり、岬があり半島があり、湾があり砂浜があり、断崖絶壁があり白砂青松あり、これまたじつに込み入った不規則なでこぼこだらけです。

「箱庭」のような……!?

世界的規模からすれば、決して大きいとも広いともいえない日本列島ですが、その陸地の形は高低差に注目してみても、あるいはまた入り組んだ山並みや海岸線のでこぼこを見ても極めて複雑です。

細かいでこぼこが、幾重にも入り組んだ山々が、どこまでも連なっています。かと思うと、その山の間には盆地や平野が広がっています。山の間を縫って、大小多くの河川が陸地を刻んで流れ、陸地の縦のでこぼこをたくさんつくっています。

川は平地を潤しながら流れていきますが、外国の人から見ると、その流れは滝のようだと驚かれたという話もあります。確かに、ヨーロッパのような広い平地をたゆたうようにゆったりと流れる川しか見ていない人には、日本の河川は急流なのです。その急流は急いで海岸に出て海に注ぎます。海と陸の間には、長い海岸線が取り巻いています。

こういった国土は、多くの諸外国とはいろいろと違いがあり、地形の細やかさが日本列島を特徴づけています。どこに行っても、土地のでこぼこを感じることができるのが特徴で、おまけに四方をぐるりと海に囲まれ、海が目の前にあります。日本列島の風景は、どこでも隅から隅まで飽きがこないほど、複雑な地形と風景を形づくっています。

「箱庭のような」という形容は、果たして合っているのでしょうか。また、そういう表現が今どきも通用するのでしょうか。複雑で変化に富み、さまざまな要素を幅広く集めて小さくレイアウトしてまとめた箱庭も、最近ではほとんど見ることがありません。

しかし、日本の地形と風景は、まさしくこまごまと箱庭的でもあります。

2 高い山と低い山、平らな平野はどうしてできたか

山脈を見れば列島の骨格がわかる

このように日本の風景の中で、重要な役割を果たしながら、日本列島を大きく形成している山々を、ざっと見渡してみましょう。でこぼこ風景の凸のほうをつくっているのは、まず山々です。

山には、富士山のような独立峰と、連山をなしているものがあります。単独で立っている独立峰は、厳密にいうと数は少なくなります。ある一定の高さをもつものとなるとせいぜい20座くらいでしょうか。山のほとんどが、いくつもの山が脈々としてでこぼこを繰り返しながら、途切れることなくどこまでも連続して続いているという感じになっている、日本の山はまずそれがほとんどでしょう。

そんな山の連なりを、何とよんでいるかといえば、まず**山脈**があります。日本の山を見

るには、まず山脈から見ていくと、列島の骨格がイメージできそうです。古いですが、映画や歌でタイトルにも使われた「青い山脈」が共通して日本人の心の中で、特別な感慨をよび覚ますのも、「山脈」という言葉の響きかもしれません。脈という文字はもともとつながりを意味し、人脈、脈拍などの言葉で使われます。地質の分野でも鉱脈や岩脈という用語があります。つまり山脈は山々の繋がりという意味となりますが、どこか人々の行く手を阻む難所、気高くそびえ立つ山々のイメージがあります。これはヨーロッパのアルプス山脈や、国内でいえば槍ヶ岳・穂高岳に代表される飛騨山脈から連想されるためかもしれません。

これに対して少しイメージしにくいかもしれませんが、**山地**という言葉をつけたよび名の山々もあります。山地とはあまりに一般的な言葉で、固有名詞として○○山地という使われ方をしていることは意外に知られていないようです。東京西部の山地は奥多摩とよくよばれていますが、講義や講演会などであらためて**関東山地**とよぶと意表をつかれたように感じる人もいるようです。

山脈と山地は地理用語ではいちおう区別されています。しかし、それには明確な基準があるわけでもなさそうで、学校の教科書や地図帳になんと表記してあるか、あるいは地元で一般にどうよばれているのかというと、必ずしも統一されてはいません。ここでは、国土地理院の表記に準じて整理しておくことにしましょう。

具体的に、そうした山の連なりで大規模ではっきりしたものには、山脈として名前がついていています。北から順に見ていくと、日高山脈、奥羽山脈、越後山脈、飛騨山脈、木曽山脈、赤石山脈、鈴鹿山脈といったところです。あれっ、と思う人も多いかもしれませんね。中国山脈や四国山脈はどうしてないのでしょうか？

山地というのもあるし連峰も連山も山塊も

現在の国土地理院の地図では、それらは山地となっているので、山脈だけ拾うと入ってこないのです。こうなると山地も合わせてみていかないと、日本の山の風景は描けそうにありません。ちなみに**地形学**という分野では、周囲より高く、大部分が尾根と河谷で構成されるところを山地と考え、この中から丘陵と火山を除く部分が狭い意味での山地であり、本書が扱う山に該当します。またこの山地は、平面形状、高度、起伏の状態により、山脈、山地、高地、高原に区分されています。この順番は高度と起伏量がおおむね大きいものから小さいものにかけてです。

山地は山脈ほど険しい感じはしないけれども、山が多く集まっている地帯と考えればいいのでしょうが、山脈とどこで差がつくかは明確ではありません。高さは山脈のほうが山地よりも高い山が多い、ということでしょうか。

たとえば、北海道で見ると、山脈は日高山脈ひとつだけですが、天塩山地、北見山地、石狩山地、夕張山地とあります。同様にして、東北地方を見ると、白神山地、出羽山地と続き、関東から東海・近畿にかけては足尾山地、関東山地、身延山地、両白山地、伊吹山地、紀伊山地とあげられます。中国・四国はいずれも中国山脈・四国山脈でなじんだ昔と違って、山地と名づけられているのです。九州はそういえばあまり山脈という認識はなかったでしょうが、ここも筑紫山地と九州山地と名づけられています。

山脈や山地では2000メートル級から3000メートル前後の峰々が連なっていて、それぞれたくさんのピークが集まっています。

そのほか、国土地理院が表記していない場合でも、山々のよび方には、もっといろいろあります。**連峰**、**連山**は、いずれも山並みを表わす表現として使われており、それに地域や山の名前をつけてよび習わされている場合も多くあるようです。地図にはなくても、自治体などがその内部資料や対外的な広報資料の中で使用するといった例もあります。

また、**山塊**という言い方もありますが、これは山系・山脈から離れ、塊状になっている山地で、独立峰に近くなるようです。

それにしても、日本の山をよぶのに、これだけいろいろな種類の呼び名で段階やまとめ方があるのは、やはり山がわれわれにとってもいかに大きな存在であるかということにもなりましょう。

山脈といっても必ずしも一本だけの筋のようになって連なっているわけではなく、その途中から枝分かれするようにして、別の尾根がつながっています。そしてまたその尾根から別の尾根が派生するように伸びていきます。日本の山々のほとんどは、かなり複雑なフォルムがたくさん集まってつながり合って、その形をつくっており、尾根と尾根の間には急斜面で深い谷筋を刻んでいきます。

ここまででも、名前をあげてきた山々を日本地図においてみると、かなり網羅できたような感じもしますが、それでもまだ充分ではありません。

日本の山はどのようにしてできたか

では、日本の風景の特徴となっている地形の起伏を示すこれらの山は、どのようにしてできたのでしょうか。これは、じつはなかなか難しい問題なのです。

山ができる理由にはいろいろありますが、大まかには地殻変動による隆起で形成された山、地下に存在していたマグマが地表に到達し、噴火により積み重なったマグマ起源の物質が膨らみとなりできた山、すなわち火山であったりします。第1章で述べたように日本は地殻変動、火山活動ともに活発です。山が多いのは必然的です。

山が隆起するのは地殻変動によるものですが、そのパターンにはいくつかあります。まず地殻変動を生じさせる原動力ですが、これは前に述べたように、日本列島に近づく2枚の海洋プレート、すなわち太平洋プレート、フィリピン海プレートが日本列島を乗せるプレートに対して押し付ける力です。この力により、日本列島は圧縮を受けますが、それをどのように受けとめるかにより、地殻変動パターン、とくに山の隆起の仕方が変わるようです。大きく分けてふたつのパターンがあります。ひとつは**曲隆**《きょくりゅう》、もうひとつは**断層運動**によるものです。横から強い力が加わった日本列島では変化することが強いられます。曲隆は地表が上方に湾曲することにより受けた力を解放します。もちろん下方に湾曲することもあるので**曲降**《きょくこう》という現象もあり合わせて**曲動**《きょくどう》とよばれています（図2・3）。阿武隈山地（高地）、北上山地（高地）、四国山地などがこれに該当すると考えられます。

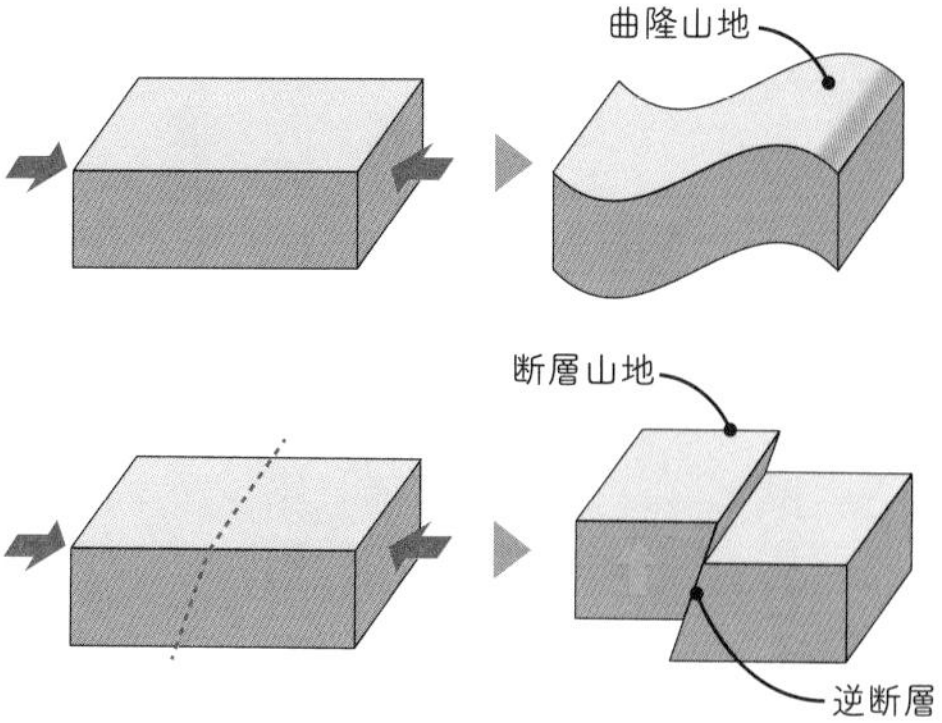

図２・３　山の隆起パターン。

これに対して地下の断層がずれることにより、横からの力を解消します。この場合の断層は**逆断層**とよばれるもので、片方の岩盤がもう片方の岩盤の上にのし上がるようなふるまいをします。何度も逆断層の運動が繰り返されると山となり、**断層山地**になります。断層が山の両脇にある場合とそうでない場合がありますが、いずれにしろ活断層が多い日本では多数の断層山地があり、代表例として六甲山地、木曽山脈（中央アルプス）などをあげることができます。

日本の平野を眺める

一方、でこぼこ風景の凹のほうには池や湖もありますが、大きく平らなところとしては平野と盆地があります。

日本列島は山ばかりで、平らなところは少ないと述べてきました。また、ダントツに広いという関東平野についてはすでに触れてきました。それ以外の、日本の平野はどうなっているのでしょうか。

まず北海道の平野としては、石狩平野・十勝平野・根釧平野（台地）などがあげられます。日本で二番目に広い十勝平野は、台地と丘陵が広く分布し、海岸からの奥行きが80キロメートルにも達する、内陸奥深い平野です。それに次ぐのは石狩平野で、風景も雄大な北海道を象徴しています。

北海道以外で思い浮かぶ有名どころとしては、津軽平野、庄内平野、越後平野、濃尾平野、大阪平野、讃岐平野、筑紫平野などがありますが、これらは平野というよび方がある程度なじんでいて、定着しているといえるでしょう。ただ、平野のリストを全国からあげるとなれば、もっと多くの地域から「うちにも◯◯平野があるぞ」と手が上がることでしょう。

たとえば、神奈川県民にとって、相模平野といえばある程度生活に密着した場としてなじみがある呼び名だとしても、国土地理院の地図では表記されていないし、関東平野の南西端の一部のようにも見えます。地形学の分野では完全に関東平野の一部として扱われ、そのかわりに相模野台地や相模川低地という区分もあるようです。平野の数え方もまた、視点によってその範囲が変わるようで、一筋縄では括れないようです。

比較的高い山で囲まれた低くて平らな盆地

周囲を山々に囲まれた平地を、**盆地**とよびます。山に囲まれた平地なので、それ自体いくらか標高は高いところにあります。これも日本の風景を彩る代表的なもののひとつといっていいでしょう。

もうひとつの凹をつくる盆地は、山また山が、比較的細切れに連綿と続く中に生じる、周囲を比較的高い山や土地で囲まれた低くて平らな場所、のことです。こうした地形は、山国の日本ではいたるところにあるといってもよく、日本の各地で見られます。単なる山間の谷間などは除いて、その平地部分が比較的広くなっているところが盆地とされています。

これが高度も下がって、山々の束縛から解放された平地は、地理用語で**平野**とよばれることになります。低く平らな広い地形のことを示すその名は、広く一般に使われていますが、もともと平地の割合が少ない日本では、盆地より平野のほうが少ないかもしれません。

ただ、盆地がいくつ平野がいくつと数え上げ、どっちが多いなどということには、まったく意味はありません。

どこを盆地と呼称するかは台地や丘陵と同じく、必ずしも一定の基準があるわけでもありませんし、平野もまた同じだからです。盆地ももっと広くなると、盆地といわず平野になったりします。

ところで盆地の成因ですが、これもいろいろなものが考えられます。

盆地と対するものは山ですが、山のでき方の逆を考えるとわかるものが多いようです。曲隆山地に対して曲降する場所、そして断層山地に接する低下する場所などです。日本を代表する盆地のひとつ甲府盆地（図２・４）は三角形の形をしていますが、そのうち二辺は活断層がつくる山地との境界、残りの一辺はおそらく曲隆している関東山地と接しています。

また盆地は川がせき止められても作られます。詳しいことはわかっていませんが、東北の郡山盆地は曲降と下流にある安達太良火山の影響によるせき止めがその成因に関わっているそうです。

じつはこのような盆地の成因は、盆地の形を見るとある程度予想がつきます。

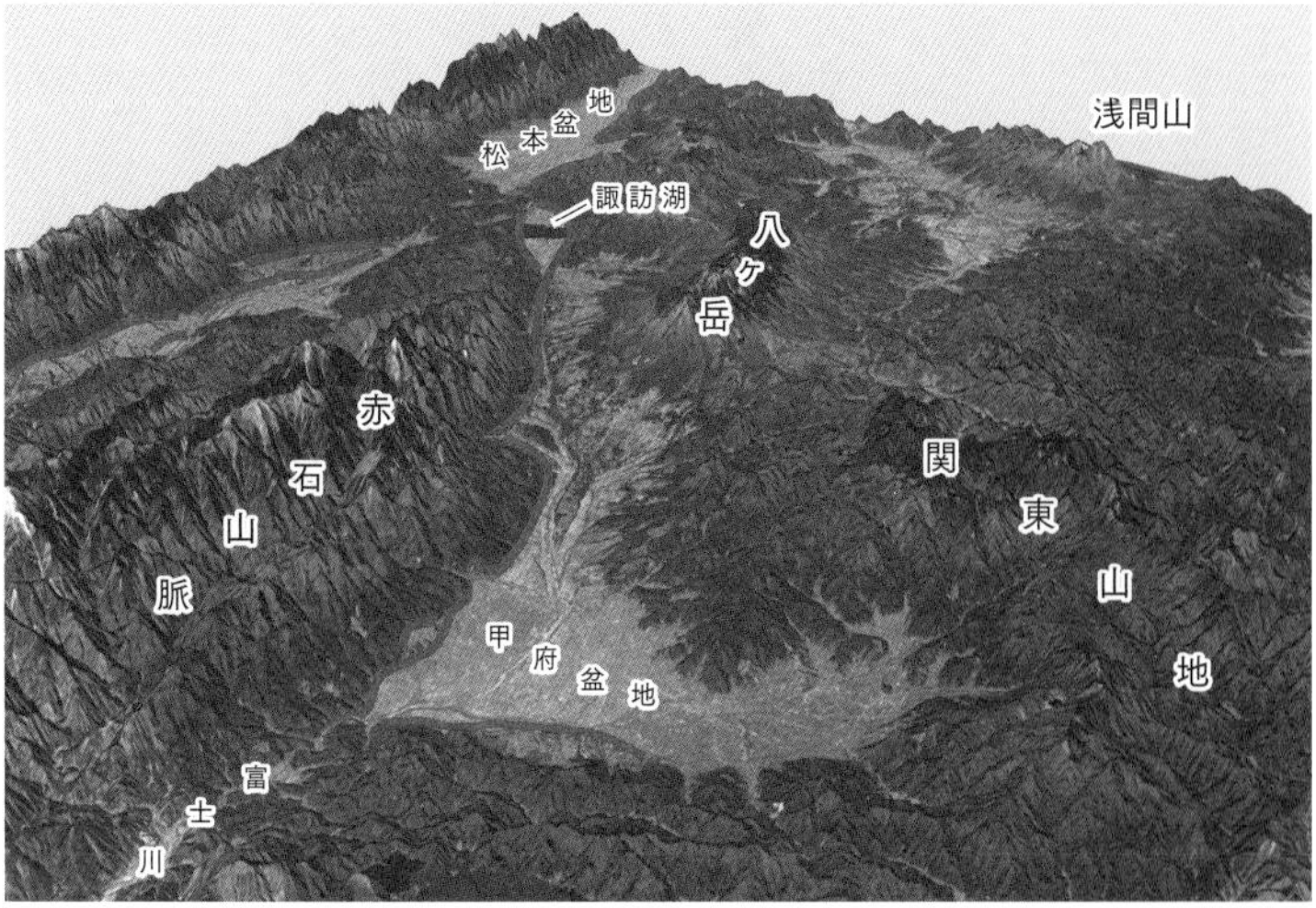

図2・4　甲府盆地～松本盆地周辺の地形と活断層（赤線）。（地理院地図を加工して作成）

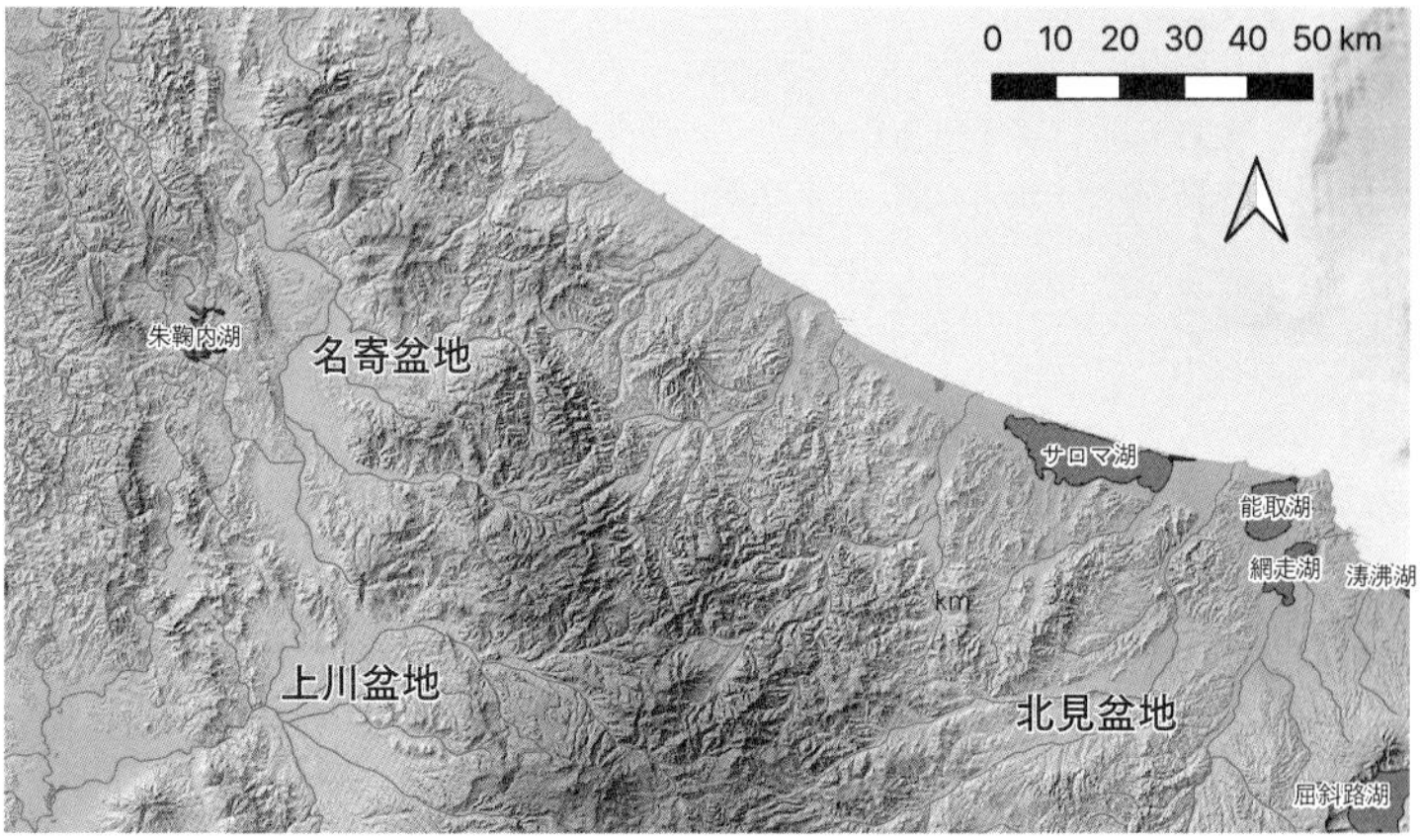

図2・5　北海道北東部、北見・名寄・上川盆地の地形。（地理院地図による）

たとえば、一例として北海道を見ると、北見盆地、名寄盆地、上川盆地があげられます。これらを国土地理院の地理院地図色別標高図で見てみましょう（図2・5）。いずれも、谷に刻まれた山地と山地に挟まれた比較的広い谷間のような地形で盆地のへりがあまり明確ではありません。このような場合、活断層が関わる盆地とは考えにくいようです。これに対して、先ほどあげた甲府盆地の場合、南東側と西側のふちが比較的直線的であり、活断層の位置とほぼ一致します。

そのほか、北海道以外の盆地と名のつくものを列挙してみると、北上・山形・米沢・福島・会津・長野・松本・近江・京都・奈良・津山・三次《みよし》・日田・竹田・人吉などの盆地が数えあげられ、結構多いのです。これらの形を見ると明らかに山地との境界の一部が直線的であり、活断層が関わっていることが想定できるものがあります。

平野ができる理由にもさまざま

日本列島が箱庭的なのは平野、盆地、山がたびたび移り変わるためです。その成因についても触れてきました。

一方、平野ができる理由にもさまざまあります。とくに日本とは異なるスケールの平野または平原が展開する地域とはその成因もまったく変わってきます。つまり、地平線が延々と続く大陸域の平野、たとえばロシアの平原やカナダから北米にかけての平野と、背景に山の連なりを伴う日本の比較的狭い平野では、そのでき方に大きな違いがあります。

風景に埋没している地面や平野の地下は

地平線を伴うような大陸域の広大な平野と、日本の平野の違いを知る手がかりは、風景に埋没している地面や平野の地下に隠されていたりします。

図2・6　ニューヨーク、セントラルパーク（上）と東京、代々木公園（下）。

　図２・６に示した２枚の写真は、世界でも有数な大都市であるニューヨークと東京にある公園の写真です。それぞれセントラルパークと、代々木公園（東京都渋谷区）の風景で、背景の高層ビルは、これらの公園が大都市に位置す

ることを示しています。その地面に着目してみると、上の写真には硬そうな岩石が写っています。下の写真には岩のようなものは見当たらず、平凡な土になっているようです。

地面の下にある土、すなわち土壌はその厚さを問わなければ、東京とニューヨークのどちらでも少し探せば必ずあるはずです。しかし硬い岩石となると、東京都心部の地面付近では存在せず、かわりに土壌、関東ローム層、砂、レキ（礫）など、岩石とよぶことができない地質からなっているのです。

代々木公園では、硬い岩石（新第三紀よりも古い時代の岩石）に到達するには、3000メートルくらいまで地下を掘らなくてはなりません。これに対して、ニューヨークのセントラルパークでは、億年単位の変成作用を受けた硬い岩石が、地表付近に顔を出しているのです。

このことは、何を意味しているのでしょうか。

堆積作用によって形成される平らな地形

日本の平野の大半は、地層が堆積したことが基になってできた地形で、このような平野は**堆積平野**とよばれます。堆積とは、積み重なることで、土砂が堆積するというのは、主に河川により運ばれた岩石の破片などの土砂が積み重なっていくことです。それが固化して岩石になったものが堆積岩です。

日本では海などに堆積した砂や泥は、古第三紀以前（２３００万年前よりも前）のものであれば、ほぼ硬い岩石になっています。このような岩石のことを本書では**基盤岩**とよぶことにします。このような基盤岩は、日本の平野ではしばしば地下深くに埋もれており、地表に近い部分はまだ固結が進んでいない、軟らかい地質からなっています。その大半は、海や川の作用《はたらき》で堆積したものなのです。

地層が広い範囲に堆積すると、その表面は平らになります。扇状地のように多少の傾きがある場合もありますが、いずれにせよ表面は平らです。その平らな場所が、平野や盆地になるのです。

堆積作用でできた代々木公園の付近では、その堆積物が地表面を覆っているため、硬い岩石はその下に隠れているわけです。けれども、セントラルパークでは堆積物がないためその下の岩石、すなわち基盤岩が表面に露出している、というわけです。

ニューヨークの地形は、今から2万年前の**氷期**とよばれる寒冷期に、**大陸氷河**がカナダ北東のハドソン湾付近から広がったことが原因で、氷河によって大地が削り去られてできました。この氷河は東西幅が３０００キロメートル以上、南北幅も２０００キロメートルを超えるものです。北米大陸は西側のロッキー山脈を除くとプレートの境界からも遠く、地殻変動が活発でない地域です。このような場所に大陸氷河が何度も進出し、氷河による浸食で広大な平原ができました。ニューヨークのセントラルパークもその一角で、公園の岩盤には氷河によって削られた**擦痕**《さっこん》とよばれる傷痕が残されています。堆積で平らになった日本の平野とは異なり、削られたことが原因で平地が広がったのです。

また、氷河に覆われなくても、隆起も沈降もせずに、ゆっくりとした浸食作用が長年にわたって続いた結果として、平野が形成されることもあります。北米大陸の北部は氷河に覆われる時期もありましたが、その続きのアメリカ国内では氷河に覆われたことのない平坦な土地が広がります。プレーリーとよばれる地域です。ロシアにも同様な地域が広がります。これらは非常に長い時間をかけた浸食により出現した平野です。ただしこれらの中には標高が高いものもあり、日本の平野とは異なるところも多く、○○平原とよばれることもあります。いずれにせよ、日本のように地殻変動が活発で、隆起速度が大きかったり、断層活動が活発な地域では考えにくいのです。このような安定的な地域にできた平野は、**構造平野**（構造平原）などとよばれています。

3 平野も山もその地下地中はどうなっているのか？

日本の平野から堆積物をとってしまうと

たとえばの話ですが、日本の平野から堆積物をとってしまうと、どんな形になっているのでしょうか。つまり平野の底の形です。

関東平野の場合は、真ん中が深くてまわりにだんだんに浅くなるお椀のような形をしていると考えられています（図2・7右）。関東平野の前身は**前弧海盆**《ぜんこかいぼん》とよばれる浅いお椀の形をした地形で、もともとは海底に存在していました。

一方、濃尾平野の場合、三角形の定規（30°、60°、90°の角からなるもの）のような断面形をもっています。30°の角を右向きに、60°の角を下向きにすれば濃尾平野のおおまかな東西断面になります。対称性はありません（図2・7左）。鉛直方向に急激に平野の底が深くなったところ（定規の左端）には活断層があり、平野側が低くなる地面の動きが継続して

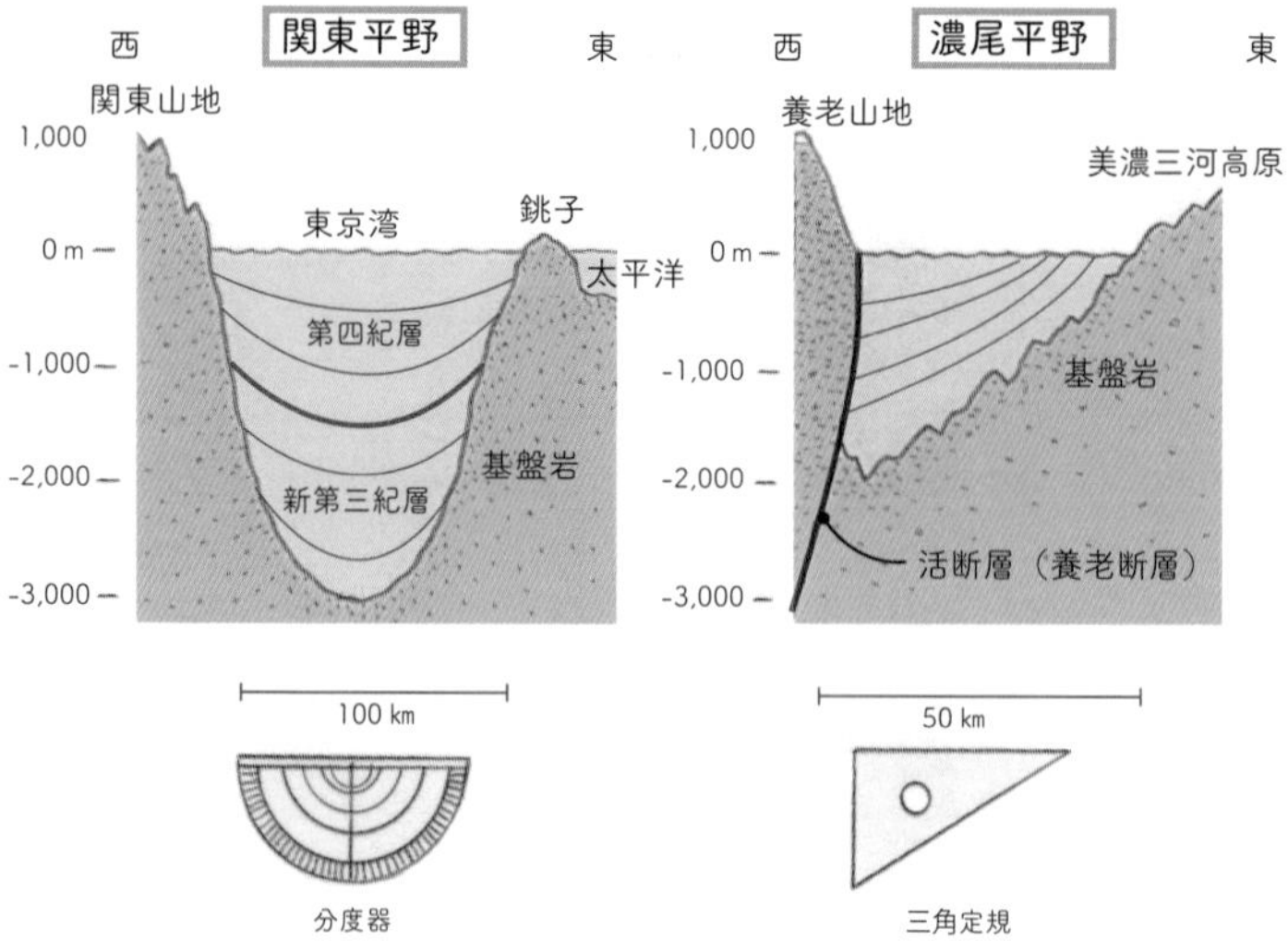

図2・7　関東平野、濃尾平野の地下断面。

きました。三角形の一辺の重要な点です。もうひとつの重要な点は、三角形の長辺となるところで断層から離れたその側の盆地の地下には凸凹があり、それを覆って堆積層が平らな地形をつくっているところです。

この凹凸は濃尾平野の東側に広がる美濃三河高原の山々の起伏に連続します。別の言い方をすればまるで、平野の地下に山が埋もれているような状態なのです。

いずれにしても、日本の平野や盆地は、凹んだところに土砂が堆積して平らになった場所だと考えてよさそうです。

山の下には何がある？

平野や盆地の地下には、堆積層と基盤岩があります。では、山の下には何があるのでしょうか。一言でいえば基盤岩です。つまり山はほとんどが基盤岩でつくられています。しかし基盤岩という考え方は大変便利なのですが、曖昧な用語でもあります。というのは、地形・地質の分野では、どの地層を対象としているかで基盤岩の位置づけが変わることが多いためです。とくに単に「基盤」というと、硬くなった岩という条件もなくなりますので、ますます曖昧なものになります。平野に広がる丘陵、台地、低地をメインとする見方からすればそれを形づくる地層より古いもの（およそ新しくても前期更新世以前、77万年前以前）は多少軟らかくても基盤岩扱いです。一方、日本列島が大陸から切り離された頃を研究している人からみれば２０００万年前頃の地質が主役ですので、古第三紀以前（２３００万年前以前）に形成された地盤に対して基盤岩とよぶことがあるようです。

本書では日本列島の凹凸を扱うことから、山地とされる地域の地形の骨格をなす地質、すなわち古第三紀以前のものを基盤岩とよびます。

以下、日本列島の基盤岩についてその概要をみておきます。

いろいろな岩石が細切れ状態になってごちゃ混ぜに

大陸プレートに乗っかる陸地は、さまざまな岩石によってできています。決して一枚岩などではなく、じつにたくさんの名がついたいろいろな岩石が、細切れ状態になってくっつき合い重なり合いごちゃ混ぜになっている、というべきかもしれません。一般に岩石は、マグマが基になってできた**火成岩**、土砂などが積もり重なってできる**堆積岩**、熱や強い圧力の作用を受けた**変成岩**の三種類といわれていますが、その内訳がまた複雑に分かれているので、岩石の名前もなかなか単純ではありません。

それらが、山をつくり谷をつくり、平野もつくっていますが、大規模な変動を繰り返しながらできてきた日本列島では、全般にその基盤となっている岩石は、大陸側が古く、太平洋側に寄るほど新しい時代のものとされています。

プレートテクトニクスの理論によって、さまざまなことが明らかになり、驚くようなことも今や常識として定着しつつあります。日本列島の形成に関して、次項で説明する付加体の存在が大きくクローズアップされてきたのもそのひとつでしょう。

付加体——日本列島は掃き寄せられたゴミの塊？

太平洋プレートが西へ移動してくるとき、海底の基になっている海嶺から湧き出して広がった火山岩のほか、海底の堆積物やサンゴ礁をくっつけた海山なども一緒に運んできて、海溝に潜り込もうとします。

すると、そのときそうした海洋プレートの一部が大陸プレート側にこすりつけられ剝ぎ取られていきます。いわば、ブルドーザーが土砂を削りながら運んでいって押し付けられるようなもの、あるいはごはん粒のついたしゃもじを動かすと茶碗のふちにそれが溜まっていくような動きを想像してみれば、イメージとして近いかもしれません。これが付加作用で、この作用によって押し付けられたものが**付加体**です。

そしてなんと、日本列島の大部分はそうしたいくつもの異なる時代の付加体が、複雑に入り混じって構成されていると考えられているのです。それはまだ大陸東縁にあった時代から付加されてきたもので、それらが列島の骨格をつくってきたのです。

その動きは、長い目でみると現在も続いているわけで、したがって太平洋側のあるところ、とくに南海トラフ沿いではいちばん新しい付加体が押し付けられている、というわけです。

これを、日本列島は掃き寄せられたゴミが押し付けられた塊のようだ、と表現するむきもあるくらいですが、別に悪口ではなく見方によってはそのような一面もあるということでしょう。日本の地質の複雑さ、そのごちゃごちゃ加減は、そのようなものかもしれず、それがまた日本の風景の複雑さにも関係している、そう思うとなんとなく納得させられてしまいます。

陸上で確認できる新しい付加体が四万十帯

ごちゃごちゃとはいっても、ある一定の地域にはある時代の堆積岩が幅広く帯状に分布していて、同じ地質が帯のような構造になっていることも、長い間のさまざまな地質調査によって明らかにされて、構造帯として区分されています。それらを、目立つ特徴的な地域の名を冠して、○○帯とよんだりもしています。

四万十帯《しまんと》とよばれる地質帯は、いちおう四国の地名がかぶせられていますが、その分布範囲は琉球列島から関東地方の太平洋岸にまで及びます。これが現在陸上でまとまって観察することのできるいちばん新しい付加体で、1億年前〜3000万年前頃に大陸東縁で形成されたものとされています。四万十帯の日本海側にはひとつ古い世代の付加体である秩父帯（中生代ジュラ紀）が分布します。双方の帯と帯の間の境目は仏像構造線とよばれる、現在は活動していない古い断層です。さて、秩父帯のさらに日本海側では三波川《さんばがわ》変成帯、領家変成帯というものが続きますが、このうち三波川変成帯と領家変成帯の境界は**中央構造線**とよばれ、九州から関東平野の地下まで続くと考えられています。

中央構造線と**フォッサマグナ（大地溝帯）**の西縁を区切る**糸魚川**《いといがわ》**ー静岡構造線**は日本列島の基盤岩の分布を支配した重要な断層です。まだ日本列島が大陸の一部であったり、切り離された頃に重要な動きをしていました。また現在でも一部が活断層として動いており、今見られる地形に重要な影響を及ぼしています。中央構造線は赤石山脈の西端付近で衛星写真でも目立つ谷地形に沿って伸び、紀伊半島中央付近から四国の佐田岬半島にかけては活断層による直線的な河谷（紀ノ川、吉野川）や海岸線をつくりだし、これらもまた衛星写真でとてもよく目立つ地形になっています。当然、どちらも航空路によっては飛行機の窓からもよく見えます。

それらの断層が与えた地殻への大きな変動も、まだ列島になる前の白亜紀から列島成立後の現在にかけてのことで、当然２０００万年前〜１５００万年前の間の日本海の拡大（開裂）に関係していますが、まだまだわからないことも多くあります。

大事件の連続が日本の風景の原型をつくる

このように、日本列島の主な骨格は、大陸東縁にあった頃から、日本海の生成と拡大によって押し出されて、現在の位置におさまるまでに、ほぼできたと考えられるようです。そしてもちろん、その後も日本列島ではプレートの沈み込みに伴う地殻変動や、多くの火山の噴火や地震をはじめとする現在のような日本の風景をつくる事件は、次々と続いて起こるのです。

たとえば、５００万年前から最初の隆起活動を始めた飛驒山脈（北アルプス）は、３００万年前頃に隆起が活発化し、東と西から挟まれるような強力な圧力を受けたことで、曲隆によって隆起したのではないかといわれています。日本列島を代表する山脈の誕生です。

また、伊豆諸島のラインの東側に南北に伸びる**伊豆・小笠原海溝**は、東の太平洋プレートと西のフィリピン海プレートの境界線です（図１・７）。どちらも海洋プレートながら、東太平洋からゆっくりと長い旅をしてきた重くて冷たい太平洋プレートは、軽くて熱いフィリピン海プレートの下に沈み込んでいます。このフィリピン海プレートは３００万年前頃に移動方向が北向きから北西向きに転じたとされていて、その影響が日本列島の各地の地形・地質に表れているとの説があります。

ところでフィリピン海プレートには海底火山の群れがあります。それらが、プレートの移動に伴って北上し、火山島となって日本列島に衝突する事件もありました。それが現在の伊豆半島です。このため、ぐいぐい押された列島側の地質の帯は、もともと「一」の字型であったものが「ハ」の字型に凹んでしまい、その跡は現在の地質調査の結果からも明らかとなっています。この凹んだ部分はおおよそ伊豆半島の北端から富士山にかけての範囲です。

それが１００万年前～60万年前くらいのできごとでした。同様に、丹沢や御坂《みさか》の山々も、それより何百万年か前に衝突したものだと考えられています。

ほぼ同じ頃、関西では多くの活断層が活発となり、断層山地が複数成長しはじめました。その代表例である六甲山地にちなんでこの動きは**六甲変動**とよばれています。何かとても歴史と躍動感を感じさせるネーミングです。日本列島では大陸に属していた頃より火山活動が盛んであったようです。なじみ深い火山でいえば、日本を代表するカルデラ火山の阿蘇山で最初のカルデラ噴火は約27万年前とされています。

その後、3回のカルデラ噴火が発生しますが、このうち最後の巨大噴火は約9万年前のことで、現在知られている日本最大の噴火でした。ところで地球は11万年前から2万年前にかけて寒冷化が進み、氷期とよばれる状態に移り変わっていきました。海面が低下したため、本州、四国、九州は地続きになりました。

しか1万年前には氷期が終わり、気温も海面も上昇した結果、四国、九州は完全に本州と分離し、7000年前頃には現在のような瀬戸内海も形成されるに至ったと思われます。

日本の山や平野の風景はいつ頃からできたか

ここまで日本の山、平野、盆地のでき方をみてきました。押し寄せるプレートから受けた力による山の隆起、川や海でくり広げられる浸食や堆積の働きによりつくられた平野や盆地、いずれも日本列島に展開するさまざまな風景をつくりだす作用です。これらの地形はいったいいつ頃からできはじめ、どの程度の時間をかけた後に現在の風景としてわれわれの目の前にあらわれたのでしょうか。

今まで古い時代を示すさまざまな用語が出てきました。○○代とか○○紀など、第1章

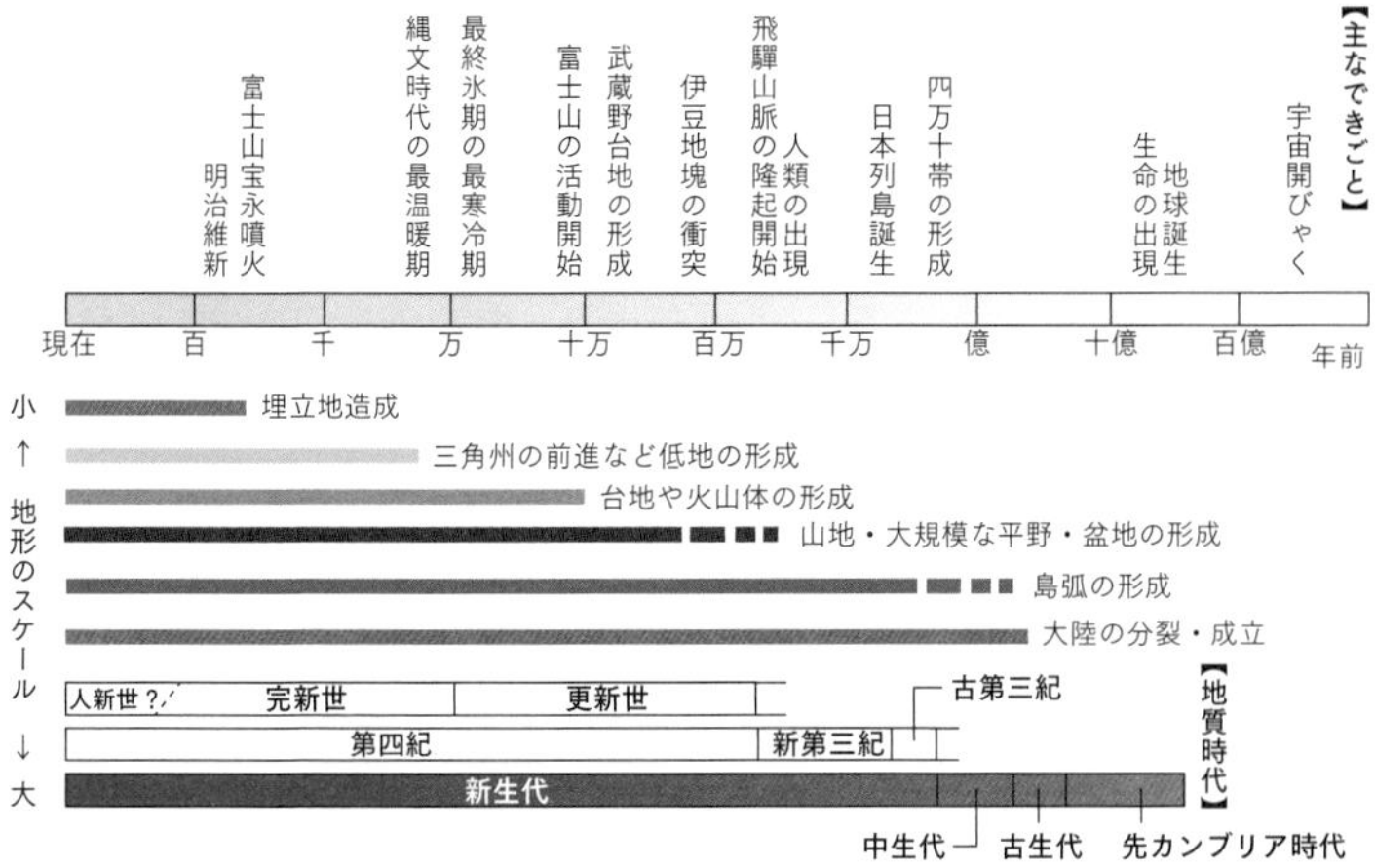

図2・8　地球の歴史と地形。

で述べたようにこれらは**地質時代**とよばれています。もちろん具体的な数字で古さを示すこともでき、**数値年代**といわれますが、以前は絶対年代ともよばれていました。図２・８は宇宙開びゃく以後の時間の流れを簡略化したもので、日本列島周辺での主なできごとも示しています。一見普通の年表に見えるかもしれませんが年代の目盛に注意してください。等間隔に目盛がつけられていますが目盛の年代は百、千、万とあり、同じ間隔ながら時間の長さが10倍ずつ増えています。じつはこうしないとさまざまなできごとをうまく示すことができません。

　日本の風景は日本列島が誕生しないとはじまりません。その誕生は約２０００万年前以降になります。その後さまざまな地形が生まれ新たな風景が登場しますが、一般的には地形の規模が大きいほどその形成に長い時間がかかります。飛驒山脈や関東平野のような大規模な地形の形成には100万年の単位の時間が必要です。これに対して富士山や阿蘇カルデラなどの大型の成層火山や大カルデラ、武蔵野台地などはだいたい10万〜数十万年くらいの時間をかけて現在の姿に達しました。これに対して海岸沿いの各地の都市をのせる三角州起源の低地はおおよそ7000年前以降に形成されてきた新しい地形で、現在もできつつあります。

地形が形成されてからの時間、あるいは現在も形成中か否かは各土地を構成する地層の強さなど災害に対するリスクにも強く関係してきます。是非とも自分が住んでいる場所の地形がいつできたのか、関心をもっていただきたいと思います。

4 長い時間をかけて変化する風景と「湿潤変動火山帯」

扱う時間軸の幅も大きく非常に長い地学の世界

日本の風景の特徴がいかに起伏に富んでいるのか、その「でこぼこ」感についてみてきましたが、ここでもうひとつ重要なことに触れておかなければなりません。それは、風景は変化する、でこぼこ具合も変わるということです。非常に長い時間をかけて変化していき、現に今も変化しているのです。

地学関係の本などでは、何十億年前とか、何百万年とかいった表現が、平気でなんの断りもなく当然のように飛び交っています。扱う時間軸の幅も大きく、非常に長いのが地学の世界の特徴です。これはせいぜい頑張ってみても１００年しか生きられない人間にとって、なかなか理解しにくいところです。歴史がどうのこうのといって威張ってみたところで、たかが数千年、記録する手段をもたずに人類の祖先が生きてきた昔まで遡《さかのぼ》ってみても数百、数十万年でしかありませんから、無理もないことでしょう。

ですから、人間にとってあまりに長い時間軸は、意識の中ですんなりと納得するということが困難なのです。大陸が移動したといわれても、日本列島が分離したといわれても、知識としてはともかく実感はないのが普通です。日本列島の地図に近い将来、新しく新幹線の経路が追加されても誰もそれほど驚くことはないと思います。しかし列島の形が変わってしまったらどうか。誰もそんなことは考えないと思います。

地形は時間をかけて少しずつ変化している

そのため、川や崖の位置、湖や海岸線の形、さらには平野や山の形は固定していて不変という先入観を、ついついもってしまいます。しかし、身近な事例でもわかるように、地形は少しずつ時間をかけて変化します。

たとえば、大雨の後に川に行くと河原や中州、水の流れがまったく変わってしまっていることに驚いた、といった経験をもつ人は多いでしょう。２０１９年に起きた「令和元年台風19号」ではずいぶん各地の河川の様子が変化し、水害も広域的に発生しました。２０１８年の「北海道胆振東部地震」（９月）では、多くの場所で山が崩れ、人が居住する

図2・9　北海道厚真町、北海道胆振東部地震による斜面崩壊。2018年10月撮影。

地域でも地形が変わってしまいました（図2・9）。2016年の「熊本地震」では、活断層により地面がずれたり山が崩れたりしました。このような自然災害は日本列島各地で毎年決まったように起こっています。

このような風景を一変させるような地形の変化は、日常というより、なにか特別なことが起きたときに生じます。このようなできごとは基本的に人間にとっては稀《まれ》です。洪水や山崩れは毎年どこかで起きていますが、地面の食い違いを引き起こす活断層の活動や、海岸が隆起するような地震、地形が変わるほどの噴火は、数年から10年に一度くらいでしか起きていません。ましてや一つ一つの活断層や火山でいえば数百年に一回であるとか数千年に一度という程度のできごとです。

これは一人の人間の生涯からいえば、桁外れに長い時間です。相手は、46億年の歴史をもつ地球の表面の現象です。まず、時間の感覚を大きく変えてみましょう。それが風景を読み解く鍵の第一歩です。

人が風景から特別な感情を抱くのは

仮にここに、2000年に1回、毎回1メートルの地面のずれ(1メートルの崖が生じる)をもたらす活断層があったとしましょう。すると、単純計算で2万年で高さ10メートルになり、20万年で100メートルの崖に成長することになります。何もなかった平地に、このような崖が成長すれば、当然その風景は大きく変わります。ただし、それには20万年という時間が必要なのです。

さらに、この活断層が同じような活動を将来にわたり繰り返すとすると、100万年後には500メートルの崖、すなわちこれはもう大きな山(断層山地)ができあがることになります。

現在見ている風景は、変わりゆく風景の一コマ、ある一瞬を見ているにすぎません。言い換えれば、そのある一瞬の中でわれわれも生きているわけで、だから長い時間をかけて変化する地形を、突発的な自然災害に遭遇する以外では、感じることができません。

日本の象徴として、完璧な姿をなす富士山も、たまたま現在だから、あの姿を見ることができるのです。縄文時代末期から弥生時代に移りゆく頃の人々が見た富士山の形は、おそらく現在のものとまったく異なっていた可能性があります。というのは富士山の場合、3000年くらい前に**山体崩壊**という現象が発生し、山頂が欠損するか、そうでなくとも山頂付近まで大きく東側がえぐれてしまう事件が発生しました。当時の富士山の形は現在ほど均整がとれていたとは思えません。

人々が風景から受ける感覚にはさまざまなものがあり、それは風景を形容する言葉の多さからも納得できることです。美しい自然をはじめ、「○○を感じさせる風景」の○○には、雄大さ、幽玄さ、不思議さ、畏敬の念などいろいろな言葉が入ります。人間（ホモ・サピエンス）はひとつの生物の種類であり、地質年代としてはごく最近といえる過去数十万年前、ほとんどは自然の中で暮らしていました。人が風景から特別な感情を受けるのは、このような自然の中で生きてきた歴史と関係があるかもしれません。

図2・10　鳥海山北西麓の象潟、秋田県にかほ市にて。

風景が変化するその現場は災害地

目の前に見えている風景は、何らかのきっかけで変化して現れたものです。どんなに美しく感動を与える風景でも、多くの場合、風景が変化するその場には、できればいないほうがよく、遠く離れているのが無難でしょう。

風景の重要な要素となる「でこぼこ」地形はさまざまですが、その中でも凸の地形には、どこからか何かがやってきて地表が膨らんだ、という場合があります。凸の地形でおもしろいもののひとつに、火山の山麓に広がる**流れ山地形**があります。古墳くらいの大きさの丘が、辺り一面に散らばっています。

日本でもこれはあちこちにあり、秋田県の象《きさ》

図２・11　美幌峠から見た屈斜路カルデラ。

潟《かた》（図２・10）、磐梯山の五色沼周辺、島原の九十九島《つくもじま》などでもみられます。これらの地形ができるのは、近くの火山が大崩壊したときです。丘はもともと火山をつくっていた部分で、それが一気に崩れてきた土砂が丘となりました。その中を見ると、溶岩の大きなブロックなどが含まれています。つまり丘は、火山の大崩壊の痕跡だったのです。このような風景ができるときに、その現場に生物がいたとしたらまず助かりません。

凹の地形としては、屈斜路湖《くっしゃろこ》（図２・11）や十和田湖などの美しい湖をあげることができます。これらはカルデラ火山の凹地に水が溜まったものです。

大きなカルデラは、超巨大噴火により形成され、噴火時には大規模な火砕流があたり一面に流れ出ました。これもその近くにいたら、絶対に助かりません。遠くにいても火山灰が降ってきますし、大規模な噴火があると地球全体が数年以上にわたり寒冷化し、人類の生存に影響するだろうとされています。

これらはいずれも、火山で起きる大規模な事件で、もしその場所の付近に人がいたら大災害としていろいろ大変なことになります。

湿潤変動火山帯の宿命的な条件

地学の本を読むと、ある特定の時期に日本列島のいたるところで大きな地殻変動が起こり、たくさんの火山が噴火して列島の骨格をつくる山々ができるような天変地異の時代が存在していたとの錯覚を抱きます。よくあるのは「石斧を担いだ原始人の背後で噴火している火山」という組み合わせです。確かに噴火や地震が通常よりも多発していた時代が平安時代や3000年前頃に存在しました。しかしそれは相対的な問題です。日本列島に人が移り住んで約4万年が経過したと考えられています。この間、日本列島周辺では、プレートの動きは絶え間なく続いていますし、相変わらず地殻の変動が活発です。その影響で、日本列島では地震や火山噴火は、変な表現ではありますが安定的に発生してきました。

気候的には7000年前頃までは台風や前線活動は多少落ち着いていたかもしれませんが、それ以降活発で、しばしば激しい風雨に見舞われます。これらは、プレートの境界付近に位置することと、台風の経路にあることなど、地球上での日本列島の位置に関係します。つまり、これは避けられないし、変えることもできない地理的条件なのです。地殻変動が活発で、雨が多いこのような地帯は、**湿潤変動帯**ともよばれます。変動には火山活動も含まれますので、ここではわかりやすくするため**湿潤変動火山帯**とよぶことにします。

湿潤変動火山帯では、地震、噴火、地殻変動、地すべり、山崩れ、崩壊崩落、台風、集中豪雨、土石流、堤防決壊、洪水浸水などといった現象は、自然の活動としてみれば起こるべくして起こるごくあたりまえのことなのです。ですが、そこに人間が暮らしていれば、恐ろしい事態になってしまいます。予防も予知もなかなか難しく、人間の対策としてできることには限りもあり、厳しい自然災害に直面することとなってしまうのです。

自然災害は、人間社会にマイナス面を多くもたらすため、できる限り避けたいし、防災・減災努力も必要です。しかし、災害地がその傷を癒すに充分な時間（かなり長いので、それを見届けることはできないかも）が経過したその後では、いつのまにか従来にはなかったような美しい風景がつくりだされていることも、しばしばあります。実際、現在の観光地で観光客が好んで写真に撮ったりしているようなところは、その昔の大規模自然災害の跡だったりするのです。

風景と災害の関係をわれわれはもっと知るべきで、風景から学ぶことは多々あります。

風光明媚な火山周辺の風景と噴火災害をもたらすような火山活動については第4章で、地震や噴火が原因で生じた水辺の風景については第5章でとり上げます。

第3章

山々の風景を眺める

Enjoy Landscape
Tales from Topographic Lands
in the Japanese Islands

1 国土の7割は山だといわれる日本では……

地形的な凸部をめぐるいろいろな表現

「山」とは、何でしょうか。「山」とはわれわれ日本人にはなじみの深い言葉で、その意味するところはかなり広く、深いものもあるようです。

山を指し示す言葉は非常に多く、「山脈」「山地」「山塊」「山系」「山」「峰」「高原」「丘」など多種多彩です。また東北では山を「○○森」とよび、西日本では「○○山」と表記して「山」の部分を「セン」と発音する場合も多いようですし、山の名前には「岳」もあれば「嶺」もあります。

このように、われわれは意識するしないにかかわらず、地形的な凸部をいろいろな文字表現で表していて、それらを使い分けています。それも山の多い日本ならではのことでしょう。

図3・1　谷低平野（三方原台地を刻む谷）から見た浸食崖も山に見える。（静岡県浜松市）

小学生が社会科で習う日本の地形の特徴は、「国土の4分の3が山」つまり「山がち」であるということです。「山がち」という言葉からは、自然、それも森と川に恵まれたというプラスのイメージと、住めるところが少なく限られるというマイナスのイメージの両方がありそうです。

『日本統計年鑑』（総務省統計局）平成23年版では、山地が61パーセント、丘陵が12パーセントとなっています。山には丘陵を含むとあるので、これを合わせてみると73パーセントと、確かに統計的な裏付けでも国土の4分の3が山となります。これだけを見ると、「日本は山国」といっても何ら差し支えない数字です。

山を指すそれぞれの言葉からイメージするものも、微妙に異なります。山脈というと、なんとなく高くて広大な山々とその連なりを想像させます。一方で、おおよそ山とは思えないような台地でも、それを刻む谷底から見た谷壁ですら、鬱蒼《うっそう》とした森になっていれば山のような感じを与えます（図3・1）。

高いところが山という定義の仕方は、あまり的確ではありません。どんなに標高が高くても、地面が平らなところは山らしくないからです。佐久平とよばれる長野県佐久市の中心部付近、北陸新幹線の佐久平駅付近の標高はおよそ700メートルです。その佐久平周辺を歩いていても、誰もそこを山とは思わないでしょう。それなのに、それより100メートル低い東京西部の高尾山は、低山とよばれるものの立派な山であることは、誰もが認めることでしょう。

こんなふうに、さまざまなイメージをはらんでいっぱいに膨れ上がった山の風景は、どのように捉えることができるのでしょうか。

見渡す限りの山の風景はどのようにしてできたか

日本では平野のごく一部を除き、見渡す風景の中に山が入ってこないところはありません。どこからでも、どこを見渡しても、山がそこにありでこぼこと波打つように連なっています。

こうした日本列島の山々は、いったいいつごろ、どのようにして形成されたのでしょうか。

そもそも日本列島が、いつから山国といわれるほど、起伏が多くなったのかは、それほどよくわかっていません。日本列島の山がどのように形成されてきたのか、これに対してはプレート運動の影響で力が加わること、力が加わるため、曲隆山地や断層山地が形成されやすくなることを述べてきました。しかしいつから山が存在するようになってきたのか、それを知るためにはひとつひとつの山脈、あるいは山地、高原の形成過程を復元するしかないのです。少なくとも、今わかっていることは、日本列島に数多くある山脈と山地がみな息を合わせるように、一斉に成長を開始したことはなさそう、ということです。どんな山も、ずっと以前から山であり続けたと考えることはできず、かつては平坦に近い陸地か、さもなければ海であったと考えられます。あるときから地殻変動のあり方が変化し、どこかの地域で曲隆による隆起や断層活動による隆起がはじまり、徐々に山らしく成長を開始していき、そのうち別の場所でも類似のことが起きた、と考えるのがよさそうです。

日本列島とそれを主に形づくる山々は、おおよそこのような経緯と年月の経過を経て、今われわれが眺めているような風景となっているのです。

高い山もあれば、低い山もあります。峨々《がが》たる険しさを示す山もあれば、丸くやさしい雰囲気の山もあります。それらは、それぞれにどんな歴史を辿ってきたのでしょうか。

日本アルプスはどのようにしてできたのか

日本の山の中では、列島の中央部で3000メートル級の頂が連なる日本アルプスとよばれる山並みがあります。遠景で見る風景の中では、白く冠雪が目立っていたり、また近くに寄っていくと見上げるような山塊の大きさに圧倒されてしまいます。

日本アルプスと一括しましたが、実際には地図で見ると、付近には数多くの盆地があり、独立したいくつかの山脈よりなります。それらは飛驒山脈（北アルプス）や木曽山脈（中央アルプス）、赤石山脈（南アルプス）といった山々です。いずれも高くそびえると同時に大きく深い溝を伴っているようにも見え、またそこを境にして日本列島が折れ曲がっているようにも見えますが、そこにはどんなドラマと秘密が隠されているのでしょうか。

それを見るにはあらためて日本アルプスを構成する山脈グループの凹凸度をおさらいし

図３・２　飛騨山脈、槍ヶ岳周辺の風景。

ておきましょう。これら日本を代表する山脈のイメージは、おそらく、標高が高い、険しい、岸壁に囲まれた山頂、森林限界を越えたお花畑などでしょうか。このうちの険しい、についてはは本当にそうなのでしょうか。それは地形図に表現されている等高線の混み具合いである程度見当がつきます。しかし最近では別の方法でもそれを確認できます。

日本全国の山の地形は、地形図だけでなく、現在は**標高モデル**によっても表わされます。標高モデルというのは、聞き慣れないと思いますが、ある範囲の地図にマス目を当てて交点のところの標高を読み取り、さらにすべての交点の標高値を揃えたものです。地形の詳しさはマス目の間隔に依存し、現在マス目の粗さは10メートルから1メートルとかなり精度が高くなり、この分野でもＩＴ化が進んでいます。このデータをうまく使えば地形を立体的に表現したり、客観的に地形の特徴を知ることができます。

たとえば標高モデルで、全国の山の平均的な傾斜を調べると、山の斜面の急さでは日高、赤石、木曽、飛騨の各山脈が筆頭となります。やはり日本アルプスに属する山々は本当に険しい（急傾斜）のです。これらは日本を代表とする山岳地域ですが、なぜそうなるかの理由は、それぞれ個別にあります。木曽山脈は周囲と断層で隔てられていたり、飛騨山脈では氷河により削り取られたりと、いずれも急峻な斜面をもちます（図3・2）。

いずれも隆起が盛んな場所である一方、これを低めようとする水の流れや氷河による浸食の力も大きいのです。すなわち出る杭が著しく打たれるような場所ということが重要で、このようなことで急峻な斜面ができあがりました。

日本は「100パーセント」山からできている？

ここまで国内の代表的な山脈、山地をいくつかとり上げました。あらためて日本列島全

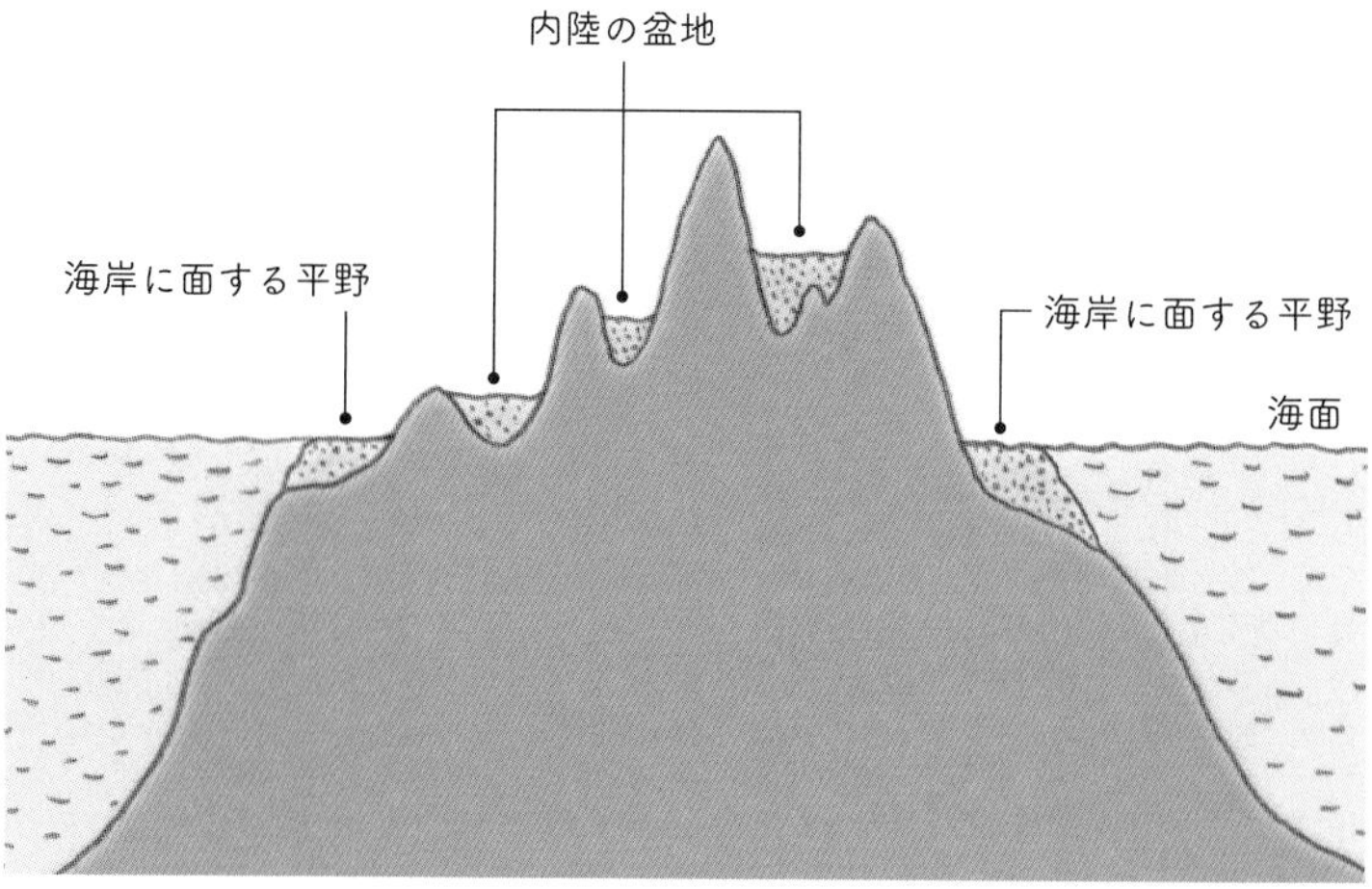

図３・３　全体が山からなる日本列島の断面。

体で山を考えたいと思います。山地と丘陵を合わせると73パーセントという数字を先ほどあげました。しかし、73パーセントどころか、日本の国土はほぼ１００パーセント山、という考え方もあります。日本の海岸に沿っては関東や濃尾・越後など広い平地もあるので、これはちょっと受け入れがたいかもしれません。しかし、それらの平地も山の一部、限られた場所の凹地に土砂が溜まった平坦な場所、と考えてみたらどうでしょうか（図３・３）。

現実には海岸部や内陸に平野や盆地などの平坦部があり、山地と平野が入り乱れています。それら平野を形づくる地層

（凹地を埋めて平らな地表面をつくっている）の多くは、海面や川に対応して日本列島の凹地を目立たなくしている地層であると考えられ、それらを取り除くと凹凸に富んだ日本山脈の雄大な地形が浮かびあがってくるはずです。

日本の国土はほぼ「１００パーセント山」、という考え方を受け入れるには、大胆な想像力と発想の転換が必要です。それは、地球上の海からすべての海水を取り除き、現れた海底から日本列島を眺めるというものです。もし、地球表面の凸凹を、そのまま正確に知りたいと思うならば、海水をなかったことにしてみるという発想の転換しかないのです。

とはいいながら、これはなかなか大変なことで、学校の地図帳でいえば白から水色、さらには青色で塗られた海域での水深を読みとらなくてはなりません。この点では、月面の凸凹を知るほうが簡単かもしれません。月面には海がありません（月面で海といわれているところは相対的な低地）から、そのまま地形を見ていることになるからです（図３・４）。金星や火星も海がないので同じなのですが、金星の場合には厚い硫酸の雲に隠れているので、もっと難しいかもしれません。

地球の表面の凸凹、ここでは海面を基準としてみた場合、マイナス４０００メートルくらいの深さのところが広く大きくあり、もうひとつは標高９００メートルくらいのところ

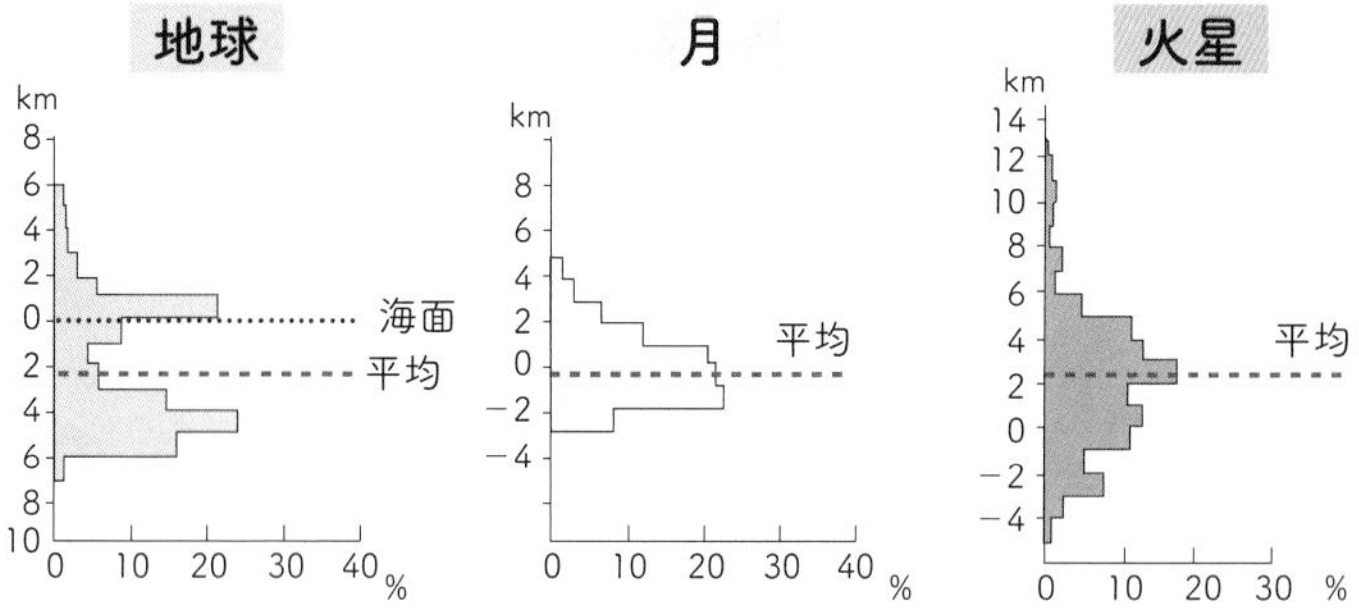

図3・4　地球、月、火星の高度分布。貝塚 (1998) を改変。

が多く広いことが認められています。

　日本列島自体が幅数百～５００キロメートルの、幅の狭い島弧であり、大海原の太平洋と海洋的な要素をもつ日本海に挟まれています。もし、想像力を働かせて、海水を全部取り除いた地球で、平均的な海底から陸地を眺めると、いずれも４０００メートルを超える山々を見上げていることになるわけです。

　これが、日本列島全部山という考え方の理由なのです。

2 縦・横のでこぼこから山を見る

山の中でも人は住んでいる――たとえば阿武隈山地

山地が国土の4分の3を占める「山がち」であり、「100パーセント山」という見方ができるにしても、この列島の上、山の上で1億2329万人(2020年9月)の人々が暮らしています。

日本列島では、人が住めない山岳地帯も広い面積を占めています。前節で述べた日本アルプスをはじめ、各地の代表的な山々です。しかし、平野にしか人が住めないわけではないし、山地だからといって人が住んでいないわけではないのです。それもまた、日本の独特の風景をつくりだす要因になっています。

実際には先に述べたように、4分の3を占めるとされる山地は丘陵を含んでおり、その丘陵地帯は都市近郊では宅地開発によってニュータウンとなって、多くの人が住んでいます。さらに山として括られている地域の中にも、人が集まって村をつくり、多数の人が住んでいる場所も意外と多いのです。

人が生活できる山とは、どんなものでしょうか。本州でいえば北上山地や阿武隈山地、中国山地がその典型でしょう。では、一例として阿武隈山地はどんな山なのか、その風景を眺めてみましょう。

阿武隈山地、あるいは阿武隈高地とよばれる高まりは、福島県の東側にあります。この高まりは、福島県東部から茨城県北部地域にかけて広がります。実際にこの地域に行ってみると、山地とよばれる地域にしては穏やかな地形が広がり、人々の生活の場であることがわかります。

阿武隈山地南部は、ＮＨＫの連続テレビ小説『ひよっこ』（２０１７）の舞台になっています。主人公の「谷田部みね子」に扮する女優さんが、毎朝の通学のため、自宅からバス停に向かうシーンがあるのですが、自宅付近も含めて里山ともよべる典型的な日本の田舎風景が広がっています。家は少し小高いところにありますが、目の前には水田が広がる風景が展開しています。架空の舞台は「茨城県の北西部にある山あいの村・奥茨城村」と公式サイトにありました。

実際のロケ地が茨城県高萩市にあるらしいというので、Ｇｏｏｇｌｅマップとストリートビューで探してみたら、ほどなくみね子の家が見つかりました。実際の民家をロケ地としているようです。どんなところかというと、南北に伸びてサツマイモのような形をした阿武隈山地の南端に少し近いものの、南北の中心線付近に位置します（図３・５）。

山地の中核心部ですが、実際に広がる地形は緩やかな地形が広がります。標高は４００メートル以上ありますが、ここはたして山地とよべるのでしょうか。丘陵とよばれる地

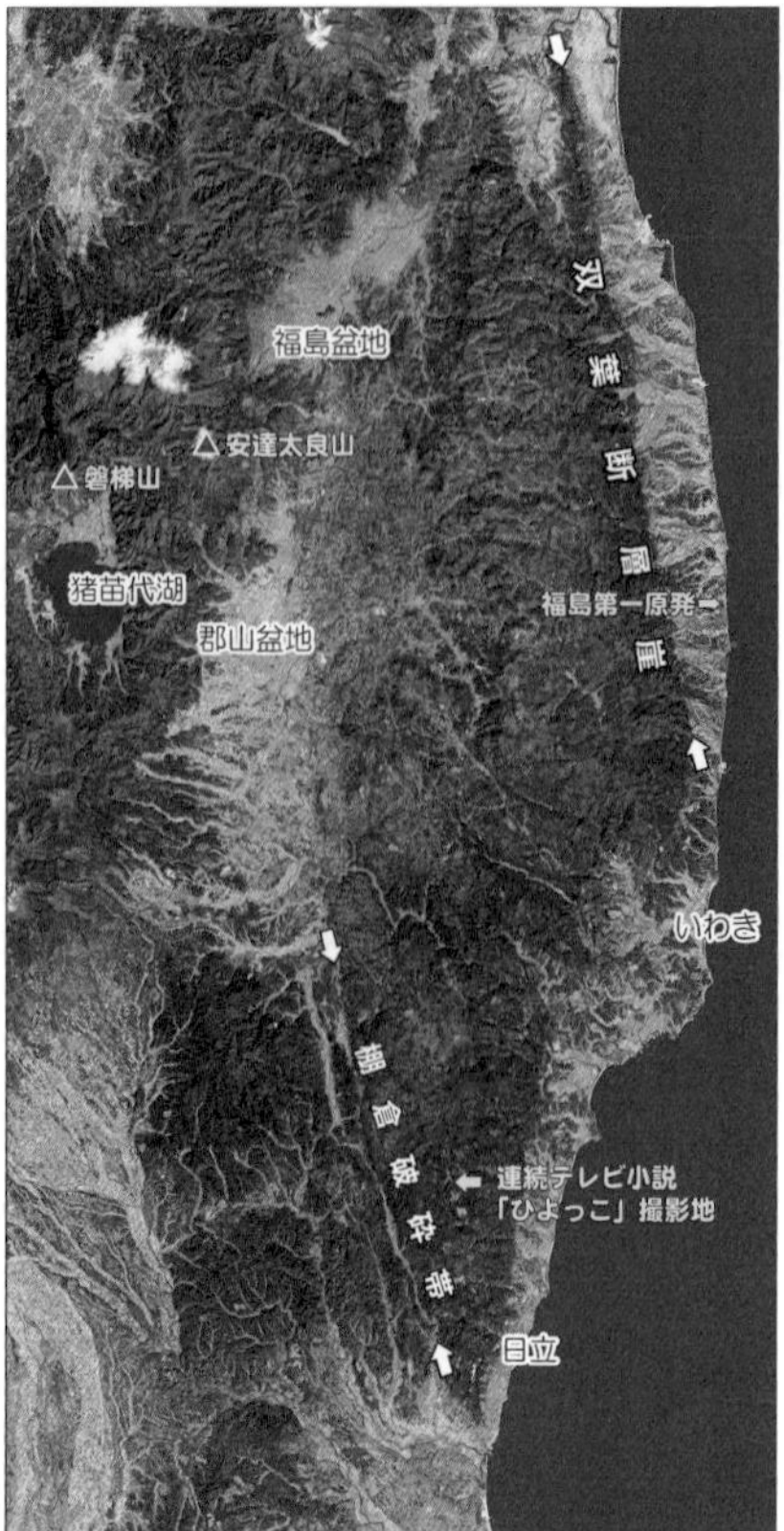

図3・5　阿武隈山地の衛星写真。

形と、ほとんど変わりません。しかし低地から見ると、確かに山なのです。
このような場所をも、一口に山と括ってしまうのは、いささか躊躇するほどです。じつは、山とよばれる地域にはこのような、人々が日常に生活する場所が多く含まれているのです。

緩やかな地形から見た山の生涯

阿武隈山地のような緩やかな山の地形は、**準平原**ともよばれています。じつは、準平原も含めて山の地形のでき方は大変に奥が深く、地形学でも未解決のテーマが残されている分野です。その理由に、「山を特徴づける尾根と谷の地形は浸食の結果である」ことがあげられます。つまり、山とは浸食を受けて失われつつある地形、ということになります。このように、地形が変化してきた証拠が失われるので、これまでの形の変化が復元できない地形でもあります。

そんな難しい山の地形の一生を考えたのが、アメリカのウィリアム・ディヴィスです。彼は、**浸食輪廻説**（**地形輪廻**などともよばれる）という考え方を、１８９９年に世の中に紹介しました。実際の地形をこの考えですべて説明するのは難しく、現実的かどうかは常

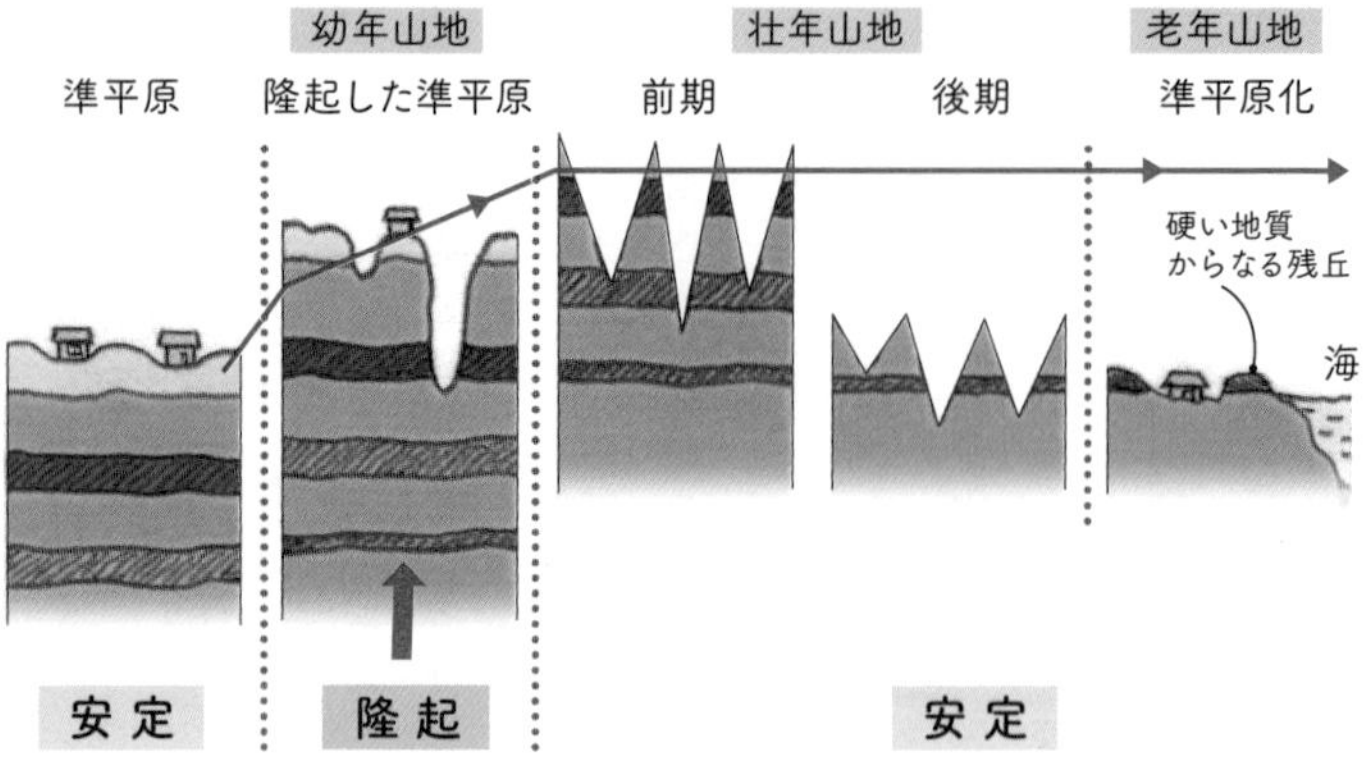

図3・6　浸食輪廻説による山の地形の一生。

に論争があります。しかし、山の地形の一生を、**準平原**、**幼年山地**、**壮年山地**、**老年山地**、その後の準平原としてその生涯を表す考え方はわかりやすく、いまだによく使われています（図3・6）。

これでみると、長い時間の浸食作用にさらされた阿武隈山地の地形は、老年期地形からその後の準平原に移りかわる地形として説明できそうです。このような場所はあまりでこぼこが激しくない地形からなり、人が住むには適した場所として、里山の風景が繰り広げられています。

準平原となったところが、再び隆起に転じると幼年期地形となります。その大半は、準平原時代の遺産である緩やかな地形によって占められますが、河川の本流沿いでは隆起した分の浸食作用により、深い谷が形成されつつあります。このような場所は、隆起準平原とよばれます。関西から中国地方にかけてもよく見られます。岡山県の吉備高原は、幼年山地のよい例です。

図3・7は、岡山県西部を流れる高梁川《たかはしがわ》の中流付近の地形の様子です。高梁川は中国山地から瀬戸内海に流れる河川で、隆起準平原の中を流れています。図の奥には高梁市市街が見えており、川は手前側に流れてきます。川の両岸には高さ400〜500メートル程度の崖が迫っており、深い谷となっています。ところがその上には、集落や水田が広がり、穏やかな里山が展開する高原状の地形になっています。これが典型的な隆起準平原、幼年山地の姿です。

ただし、この山が今後も隆起を続け、ディヴィス流でいうところの険しい壮年地形になるのでしょうか。中国山地をとりまく地殻変動からみると、それはあまり考えられそうなシナリオではありません。

ディヴィスの浸食輪廻説は仮想的なものであり、実際の山の歴史にはそれぞれ個性があり、典型化された山の生涯とは異なることでしょう。

図3・7　岡山県、高梁市－総社市境界付近の吉備高原。（地理院地図による）

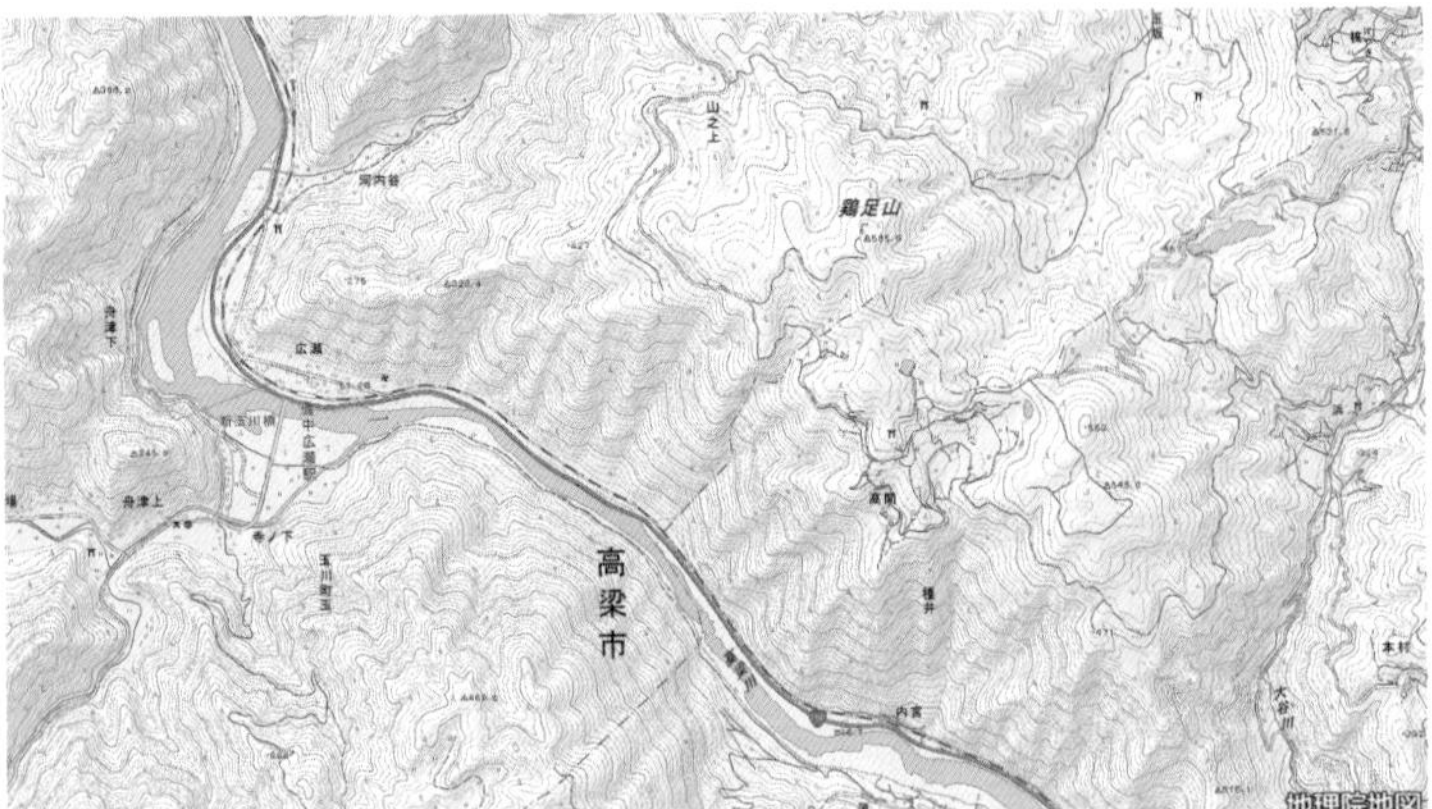

図3・8　高梁川北東岸、鶏足山周辺の隆起準平原。（地理院地図による）

地質の種類や分布で決まる地形

山の地形は基本的に、隆起したところが水により削り取られたり崩れたりしてできる浸食の地形です。浸食に対して強いか弱いかは、山の地質に大きく関係します。山の地形で妙な地形があれば、地質の種類に関係している可能性が高いと考えてよいのです。そのような目でみると、おもしろい山の地形の説明がつく場合が多いのです。

このように、地質の種類や分布の影響で地形が決まるところは、「**組織地形**」という専門用語で表現されることがあります。これは、岩石の種類やその性質によって浸食の進行速度が左右されることによってできる地形のことで、地殻変動による**変動地形**とは区別されます。ある地域に分布する地質（岩石）の種類は均質ではなく、さまざまな種類の岩石がモザイク状に入り乱れて分布し、ある種の組織のような構造をもちますが、地形がそれに応じて形づくられるために組織地形といわれます。

阿武隈山地の地形をあらためて見てみると、組織地形が山地の輪郭自体を決めているところがあります。阿武隈山地の南西縁は棚倉《たなぐら》破砕帯《はさいたい》という古い断層が何本か併走しています。これらは衛星写真でも、まるでカッターで傷をつけたようにくっきり写っています

（図3・5）。

地形的に明瞭なのは、棚倉破砕帯に沿って浸食されやすい地質が帯状に分布し、その部分が選択的に浸食を受けた結果、直線状の谷地形、すなわち組織地形ができたと考えられることです。

3 山はいつなぜ山になったか――岩石と地形から読む山の生い立ち

山は最初からそこにあったのではなかった

山はいつ頃、どうして山になったのでしょうか。山の成り立ちについては、おそらく科学が発達する以前の古い時代から関心がもたれていたテーマでした。

人は山の存在に神秘性や不思議さを感じていたのでしょう。しかし疑問のあり方は、大きく異なっていたと思います。昔の人は、山は永遠に山であり、最初から山だったに違いない、大地は変わらないものだ、という考え方が支配的であったと思われます。でもよくみると、それでは解決できない問題が多くあります。

エベレストの頂上付近からは三葉虫という古生代（５億４０００万〜２億５０００万年前）に海で暮らしていた生物の化石が見つかりますし、火山を除く日本で一番高い山である赤石山脈の北岳周辺には、石灰岩やチャートとよばれる海底に堆積した生物遺骸起源の岩石が広がっています。

つまり、本来海底にあったはずのものが高い山から化石となって見つかるのですから、これは海の底が持ち上げられたのだろうということがわかります（もちろんエベレストや北岳の山頂まで海面が上がったという考えもありえますが）。このことから、山は最初からあったのではなく、あるとき隆起により持ち上げられたことが想像できます。

こうなると、山にははじまりがあることになり、これが最初の疑問である「山はいつ頃、どのような理由で山になった」のかという問いに繋がります。ここで前に述べたディヴィスの浸食輪廻説が関わってきます。準平原がいつから隆起をはじめ、隆起準平原（幼年山地）、壮年山地に進むか、という問題です。ディヴィスはそのように考えていましたが、もっと前の、陸地がまだ海であった時代から考えることが必要です。

70年くらい前までは、「どうして山ができるのか」という問題に対しては、前に述べましたように「地向斜」という考え方が支配的でした。それによれば長さ数千キロメートルの細長い沈降帯が生じ、沈降しながらも地層が厚く堆積し続けるが、ある段階まで進むとそこが隆起をはじめ、山ができはじめるという考え方です。しかしなぜ沈降が続くのか、またそれがどのような理由で隆起に転じるのか、肝心なところが納得できるように説明されていませんでした。私自身、高校生か大学生になったばかりの頃、「地向斜」について解説する書籍を読んだとき、ほとんど理解できず、自分に理解力がないのではと嘆きました。しかしほどなくして、「地向斜」は学説として問題があり、そもそも理解できる代物ではないという見解をこの分野の複数の研究者が述べていることを知り、安心した記憶があります。

「地向斜」ではなく、山の成因を説明するのにはプレートテクトニクスが重要であり、それをとり込んだ山のでき方の説明は明解なものでした。「地向斜」の考え方では、ある同じ場所が沈降から隆起に転じることが漠然と述べられているにすぎませんでした。これに対し、プレートテクトニクスでは水平に移動するプレートが周囲の別のプレートに、沈み込みや衝突を通じて影響を与えていることを述べています。そしてこの影響が曲隆山地や断層山地となって表れることをすっきり説明してくれています。

持ち上げられながらも削られている山々

さて、いつ山が山となったかは、いつからそこの地面が持ち上げられはじめたかという問いでもあります。しかし、この問題は単純でありません。持ち上げられたということは

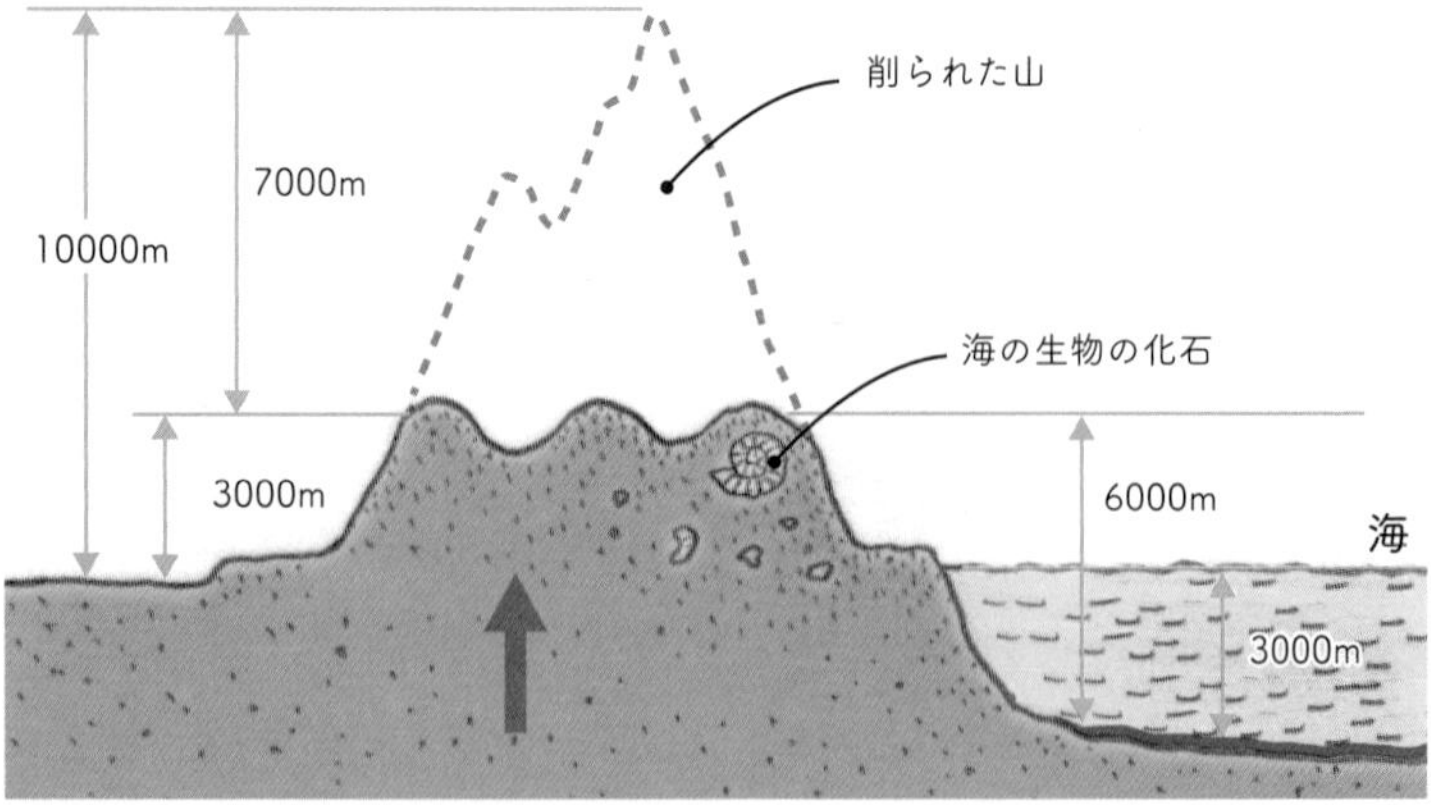

図3・9　山の高さと隆起と浸食。

隆起したということですが、山は削られながら隆起するという点で、より複雑で難しい問題をはらんでいます。いわば、高くなる力と低くする力が拮抗しながら山ができあがっていくのです。

このバランスは場所により異なりますし、削られる山の性質、とくに岩石の種類で削られ方も著しく変わります。山の風景にひとつとしてまったく同じものがないのは、この組み合わせが無限にあるからです。これについてはまた後で触れることにします。

要は、削られながら山が高くなることが、山の歴史を知ることを難しくしています。ある地面が隆起する一方で削られるということは、元の地面自体が削られて消滅することになり、証拠が残りません。なくなってしまったことを知ろうとするのには、なかなか無理があります。たとえば、ある場所が1万メートル分隆起したとしても、7000メートル以上削られれば、残された山は最大で3000メートルの高さをもつことになります（図3・9）。

それが事実だとしても、残された3000メートルの山を見て、1万メートル分隆起したことは読みとれないのです。少なくとも3000メートル隆起したらしいとしかいえません。しかし先述のように海底で形成された岩石が山頂付近で見つかり、しかも水深3000メートルの深海で堆積したことがわかれば、その水深と現在の高度から、より確からしい隆起量、この場合は少なくとも6000メートルは隆起したことがわかります。

このようにして、いろいろ工夫して隆起の量を知ることができます。

ありふれた岩石――花こう岩が解き明かす山の秘密

いつから山になってきたのか、それを探るいろいろな方法があります。

そのひとつである化石を使う場合、その生物が生息していた環境、とくに海の生物であればどの程度の水深の場所に生息していたのかが重要です。化石の地質時代は、いつから山になったのか？という問いに答える鍵となります。

先述の北岳の例ですが、周辺に分布する石灰岩やチャートは中生代の水深数千メートル以上の深い海に堆積した岩石であり、6600万年前以前のものです。それが現在、標高3000メートルの位置にあるのですから5000メートルは隆起したことがわかります。ただし、実際に北岳周辺の赤石山脈が隆起を開始したのは、古くみても500万年前以降、おそらく本格的な隆起はたかだか最近の100万年間程度のできごとです。ですからこの場合、化石は隆起量についてはよいのですが、いつから山になったか、という問いに対してはやや情報不足です。

赤石山脈が最近100万年間に本格的に隆起したことは、北岳をいくら詳しく調べてもわかりません。赤石山脈が隆起することにより、そこから出てきた粒の大きなレキ（扇状地の地層）の堆積した時代から間接的に考えられていることです。どういうことかというと、大きなレキからなる扇状地は山の周辺にできる特徴的な地形で、その存在は近くに山が存在することを証明しています。

山のでき方や時代について今、世界的に注目されている山々があります。それは長野県から岐阜県にかけての飛驒山脈と神奈川県西部の丹沢山地です。このふたつの山には共通

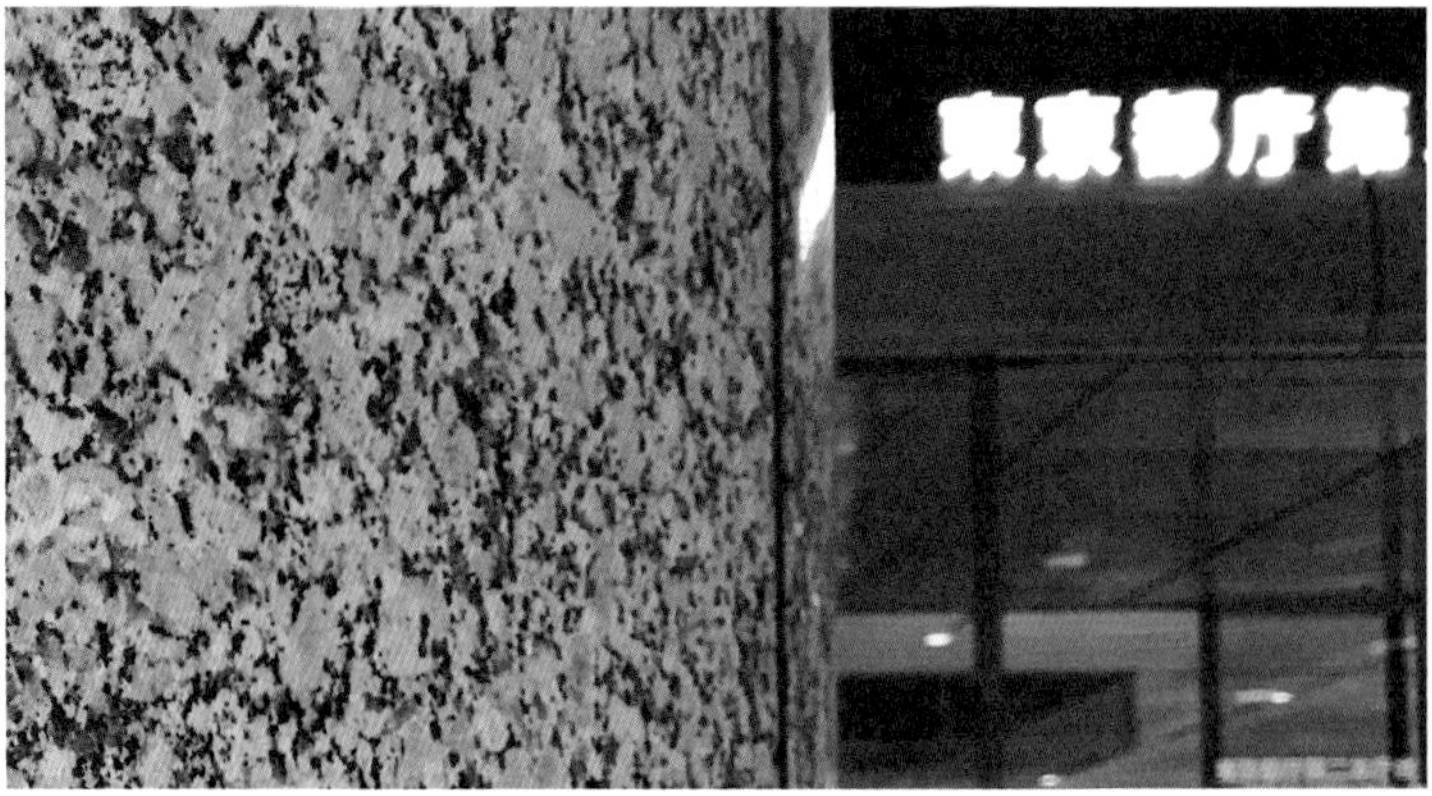

図3・10　花こう岩。

した特徴があります。山の一部が**花こう岩**やその仲間からできていることで、その花こう岩の形成年代が世界的に見ても異常なほど新しいためです。

花こう岩自体はありふれた岩石です。岩石のことをほとんど知らない人でもそれを見ればああこれか、というに違いありません。それほど日常的な石で、街中でも階段や壁、建物の柱に使用されています（図3・10）。

地球の表面は、大陸的な部分と海洋的な部分からなるとしましたが、大陸部分の地殻の骨格はこの花こう岩で多く占められていて、地中広くにあたりまえのように広がっています。しかし、それが地表で見ることができる、ということには意味があるのです。

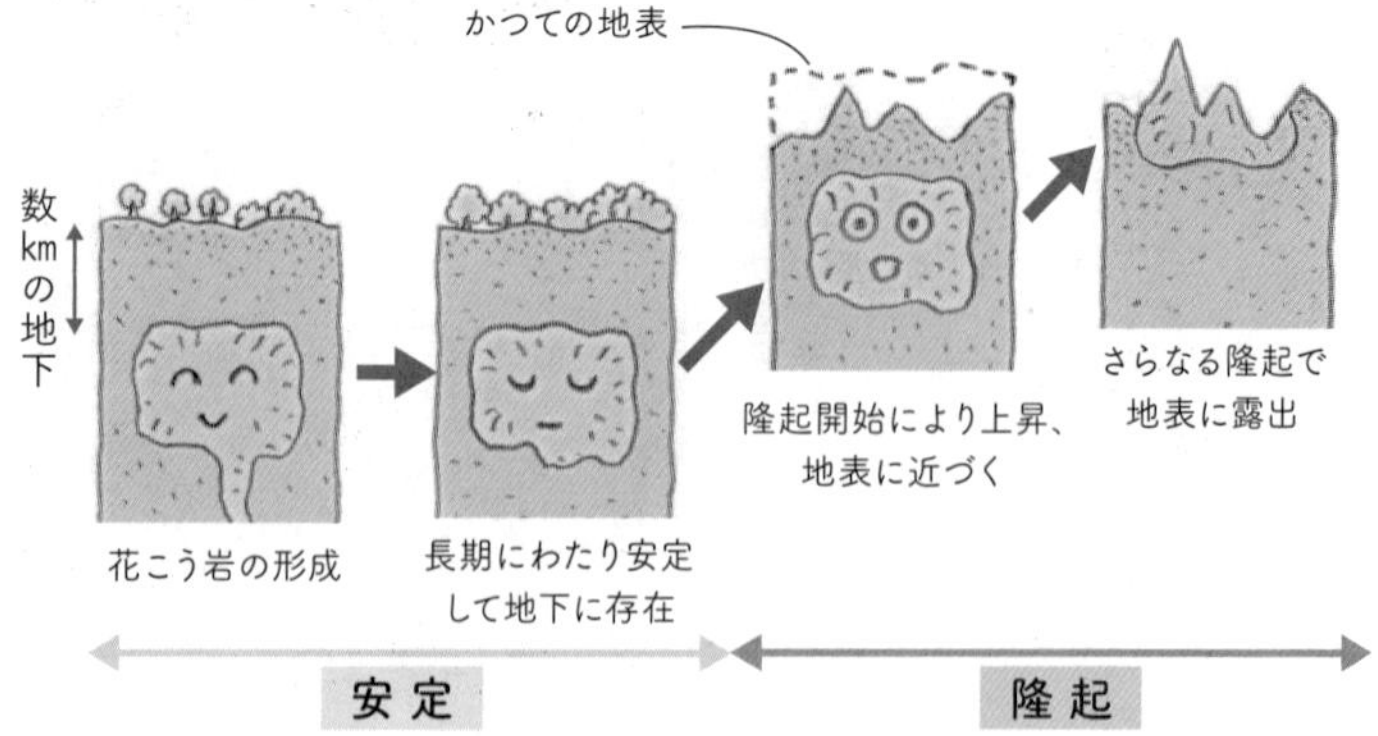

図3・11　花こう岩の形成とその後の隆起・浸食。

花こう岩の仲間（**閃緑《せんりょく》岩**、**はんれい岩**など）は、地中の深いところでできたという意味で、**深成岩**とよばれています。これは、もともとはマグマであったものです。それが噴火で地表に達すれば**火山岩**です。しかしほとんどのマグマは地表にまでやってくることはなく、地下で冷えてそのまま深成岩となる運命を辿ります。そのような花こう岩が、現在地表にあるということは、地下にあるべきものが隆起により強制的に地表まで持ち上がってしまったということです（図3・11）。

世界でいちばん新しい花こう岩が語る最近の急激な隆起

つまり、地表面に露出する花こう岩はその存在だけで、その地域が隆起したことを知ることができます。

そして花こう岩の仲間を丹念に調べることにより、マグマから冷えて固まる時期が詳しくわかります。地下数キロメートルに存在していたはずのマグマが冷えた年代がわかれば、いつ頃に隆起した山なのかわかります。北上山地や阿武隈山地、足尾銅山の近くなどに分布する花こう岩には、中生代（2億5000万年前～6600万年前）というくらい古い時代のものがあります。国内の花こう岩としては平均的な年代です。それだけ古いと、それが地表に現れてくるのに充分な時間があったわけで、それほど不思議ではありません。けれども、数百万年前やそれより若い花こう岩が露出する山があると、そんなに速く地下にあったものが地表に到着したのかと、とても違和感があります。

飛騨山脈の穂高岳のまわりに「**滝谷花こう閃緑岩**」とよばれる花こう岩の仲間があります。これは120万年前頃に冷えて固まったものです。それが冷える前の200万年くらい前にはまだマグマであり、付近はカルデラ火山の活動をしていました。その当時の地下数キロメートルにあったマグマが冷えて固まり、現在3000メートルくらいの高さに移動してきました。飛騨山脈の穂高岳付近は大変に速く隆起していたことがわかります。

さらに最近では、穂高岳の少し北にある黒部川上流にひろがる「**黒部川花こう岩**」の年代が、およそ80万年前であり、世界で一番新しい花こう岩などとよばれています。その年代と付近の標高からみて、80万年で5000メートルほど隆起したことが示唆されています。これは異常に速い隆起速度です。少し前まで、丹沢山地の中心の花こう閃緑岩は1000万年前〜400万年前の年代で、比較的若いと考えられていましたが、若いほうの記録はどんどん更新されてきました。それにより日本各地のいくつかの山の歴史が塗り替えられ、最近の若い地質時代に急激に隆起したものがあることがわかってきました。

4 気候と地質によっても山のでこぼこや風景は変わる

水や空気、重力が地形に働きかける力

簡単にいうと、山は隆起により地表面に盛り上がって現れた、岩石の高まりです。そして、さらにその隆起した山の高まりを、削っていく働きがあり、その結果が今われわれの目の前にある山の風景だといえます。盛り上がった山は、出る杭のようにいずれ打たれて自然界のノミやカンナで削り取られたりする運命にあります。山の場合には、ノミやカンナの働きをするものは**水**や**氷**、**空気**（風や気温の変化）そして**重力**です。これは大気、すなわち気候によって風景がつくられることを意味しています。

水や氷、空気が地形に働きかける力は、**外作用**とよばれています（図3・12）。わかりやすいのは雨による流水が山を削る働きです。また降った雨が地下の浅い部分に留まり、霜になったり凍ったりします。雨だけではありません、雪にもなります。降った雪が固ま

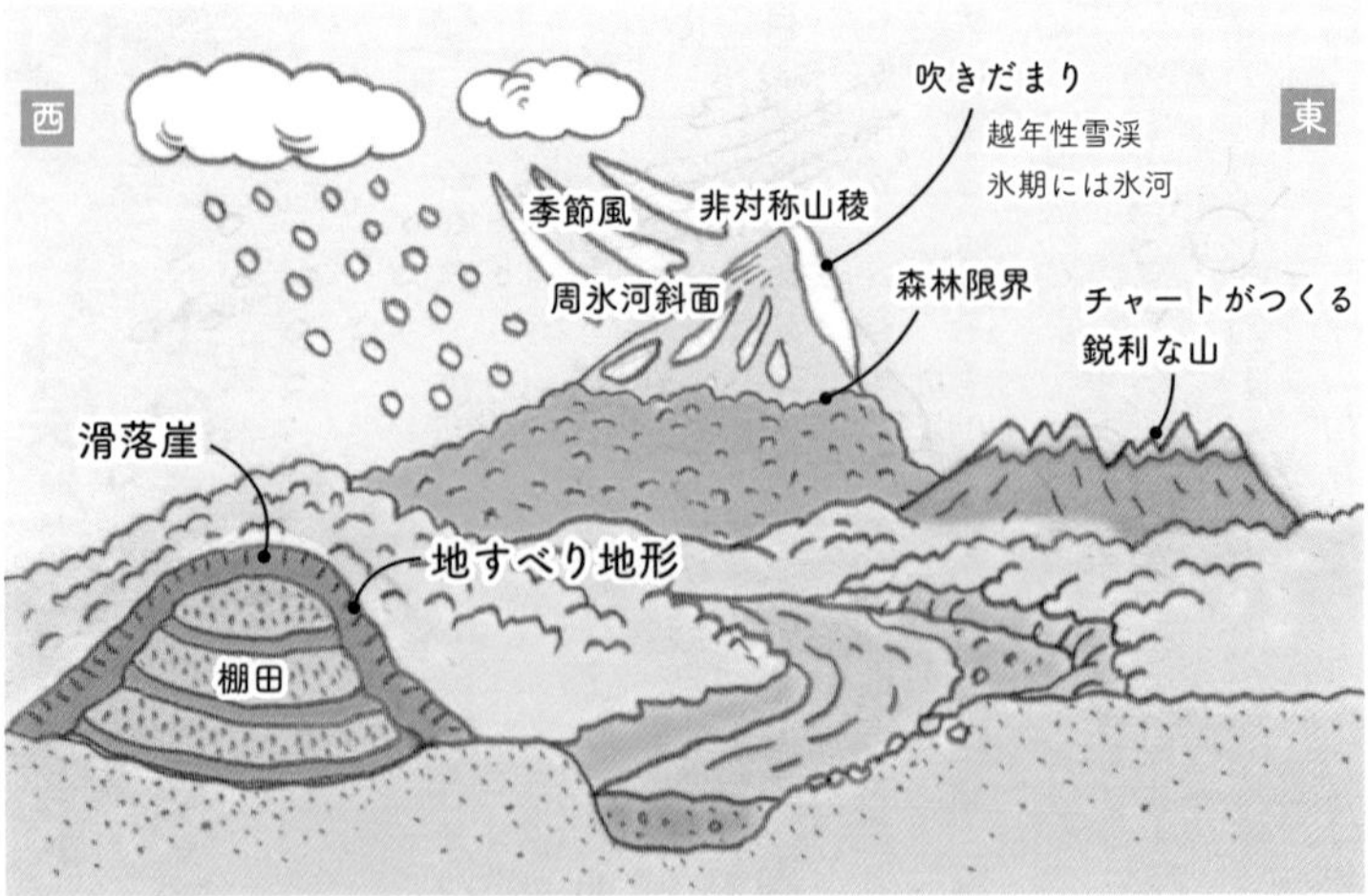

図3・12　外作用と山の地形。

り**氷河**になると、大変に強力な力で岩盤までをも削り取ります。

水は不思議な物質で、液体から氷という固体になると体積を増やします（ほとんどの物質は逆です）。岩の隙間にあった水が氷体になって膨張すると岩の隙間を広げ、ついには岩を割ります。

山をつくる岩盤が割れれば、山の表面は岩屑だらけになります。これはほんの一例にすぎません。もっといろいろな働きによって、現在の山の地形ができあがっているのです。なだれや風、雨などさまざまなものが山の形に影響を与えます。

岩石の凸部に働きかける力は、水、風、気温変化が複雑に組み合わさって決まり、それらによってさまざまな風景をつくりだしているのです。**気候地形**という言葉があるくらいです。ここでは高い山、中くらいの山、低い山の例により、水や空気、重力がつくる地形を見ましょう。

非対称な日本の高山風景を見る

山の写真などでよく目にする風景では、稜線の片側はなだらかなのにその反対側は切り立った断崖という非対称になっているものがあります。こうした地形は**非対称山稜**とよばれ、あちこちにありますが、比較的よく知られている例に、谷川岳や白馬《しろうま》岳などがあげられます。

冬季の厳しい気象条件に加えて、一ノ倉沢などロッククライミングの遭難事故で知られた岸壁の存在が大きな、上越国境の谷川岳では、縦走路自体はそれほど険しいわけではなく、とくに縦走路の西側斜面は、あまり急な斜面ではありません。ところが、東側の一ノ倉沢側では極端に等高線間隔が狭く断崖になっています。縦走路が通る稜線を挟んで東西３００メートルの区間で見ると西側では27度くらいですが、東側では50度くらいの斜面となり、人の目からはもはや絶壁です。

図3・13　飛騨山脈、三国境付近から南側の白馬岳方面をのぞむ。画面左側に急峻な稜線が見られる。

登山者に人気のある山として知られている飛騨山脈の白馬岳（標高2932メートル）も、谷川岳と同じ特徴をもつ高山です。白馬岳山頂から三国境にかけての稜線の東側は等高線間隔が詰まっており、崖記号がところどころ目立ちます。これに対して西側はそれほど等高線間隔が詰まっていません。ここでも谷川岳同様に南北の稜線を挟み、東西斜面の勾配差が見られ、同じく東側の急斜面が目立ちます。

三国境付近から白馬岳方面を撮影した写真（図3・13）を見ても、東西斜面の勾配差は明らかです。このような稜線を挟んで斜面の勾配が異なる山稜が、非対称山稜です。

谷川岳と白馬岳の非対称山稜は、ともに東

側がより急です。それは偶然の一致でしょうか。たまたま東側の斜面が険しくなるような地質なのでしょうか。そうではなさそうです。白馬岳西側にある旭岳というピークを見ても、ここでも東側が急斜面となる非対称山稜が見られます。

偶然と考えるのは少し難しいようで、これには理由がありそうです。でも山の地形が揃って同じように不揃いになるのには、どのような説明ができるでしょうか。地質という地表面での説明は難しいのですが、この場合は気候から説明することができます。その重要なポイントは、冬季の強い季節風です。

氷河はなくても周氷河作用

日本の主要な山岳地帯では、冬季の降雪は西高東低の冬型の気圧配置の時期に集中します。この時期、北西からの強い季節風が吹きつけますが、季節風が吹きつける西側風上側斜面には、強風によりあまり雪は積もりません。雪には冷たいイメージがありますが、地面からみると積もった雪は断熱材となり、地表面の温度を安定させます。しかし西側斜面ではこの断熱材となる雪が少ないため、最寒気の前後には一日毎の気温変化が著しく、凍結と融解を繰り返します。先に、岩の隙間にあった水が凍りつくことにより岩を割ることを紹介しましたが、このような作用によって斜面は岩屑だらけになります。またその岩屑自体が凍結と融解を繰り返すうちにダラダラと下方に移動します。そして、結果的に平滑な斜面が形成されます。凍結融解によるカンナ削りです。

このような働きや、積雪の作用による地形に変化を与える力は**周氷《しゅうひょう》河《が》作用《さよう》**とよばれています。名前に「氷河」の文字がありますが氷河の有無にかかわらず、一般的に寒冷な地域で起きる現象をさしています。非対称山稜の西側では、この周氷河作用により岩屑に覆われた平滑な斜面ができ、地面自体が徐々に移動するために植物（とくに樹木）が生育しにくい場になります。森林限界とよばれる地図上では砂礫地や荒れ地の記号で示される地帯をつくっています。

一方の風下側にあたる東側斜面では、雪は吹きだまることにより豊富に供給されます。その表れが白馬岳の東側にみられる**万年雪**の記号です。万年雪は夏を過ぎて次の降雪期まで残雪として残るもので、**越年性雪渓**とよばれています。白馬大雪渓は、国内でも代表的な越年性雪渓です。

年越しする越年性雪渓は、一見すると谷沿いに白い姿を見せる氷河を連想させます。雪渓と氷河の違いのひとつは流動して移動しているか否かです。氷河を目の前で見ても動いているようには見えませんが、年間でみればメートル単位で下方に移動しています。現在の日本の気候では氷河は発達しにくく、飛驒山脈での特殊事例（やはり稜線風下側の雪が吹きだまる場所）を除き存在しません。

しかし現在よりも寒冷であった**最終氷期**（約2万年前がピーク）には、本州の場合、飛驒、木曽、赤石の各山脈で氷河が存在していました。それらの存在は**圏谷**《けんこく》（**カール**）とよばれる、山頂部をスプーンで掻き削ったような独特な地形や、それにつづくUの字型の断面をもつ**氷食谷**から復元されています。多くのものが稜線の東側、風下側にあります。これも東側に雪が吹きだまることにより発達したと思われます。圏谷の底は緩やかですが山側は急な斜面からなり、東側斜面の急勾配をつくりだしています。また圏谷のない東側斜面でも急なのは、多量に供給された雪の仕業と考えられています。

硬い岩石がつくる地形

気候が山の形をつくりだすことをみてきましたが、その一方で山の形を決める要素として、削られる側の事情、山をつくる岩石（地質）にそれを求めることができます。浸食に対して抵抗性があるか否かでも、山の削られ方が変わってくるのです。浸食と一言でいっても、流水によるものや先述の凍結融解、あるいは乾湿の繰り返しによるものなどさまざまあるので単純ではありません。しかし日本の場合は雨が多いので、水流に対して強いか弱いか、つまりその地質が硬いか軟らかいかが大きく影響してきます。いずれにせよ、強いか弱いか、その地質の分布パターンに依存する地形なので、先ほど述べた組織地形とよばれているものに相当します。各地の山の形を見ると、組織地形で説明できる山の形は多数あります。

冬の晴れた日に上越新幹線に乗ると、大宮駅付近から熊谷駅にかけての間で、西方に関東山地を眺めることができます。関東山地にはとくに目立った特徴をもつ山が少ないのですが、埼玉からだとまわりの山から突き出て、屏風のようにそびえるギザギザした山が見えます。関東山地の中央部にある両神山《りょうかみ》(標高1723m)です。関東山地の山では山頂や稜線を歩いていても、それほど多くの岩場があるわけではありませんが、この両神山の場合は山頂付近に鎖場があり、険しい山道が続きます(図3・14)。

この山はいったいどうして、こんな形になっているのでしょうか。地質を調べてみましょう。以前ですと地質を調べるのは大変でした。近くの書店に行っても地質図があるわけではありません。本格的な地質図を見るには大学などの図書館にでも行かないとなかなか辿り着けませんでした。しかし現在は、インターネットさえつながっていれば無料で正確な地質図を見ることができます。産業技術総合研究所地質調査総合センターのホームページに**地質図Navi**（https://gbank.gsj.jp/geonavi/）というものがあり、国土地理院による地形図に重ねるように地質図が表示されます。これができたおかげで、研究者から地質に関

図3・14　岩場が目立つ関東山地、両神山の山頂。

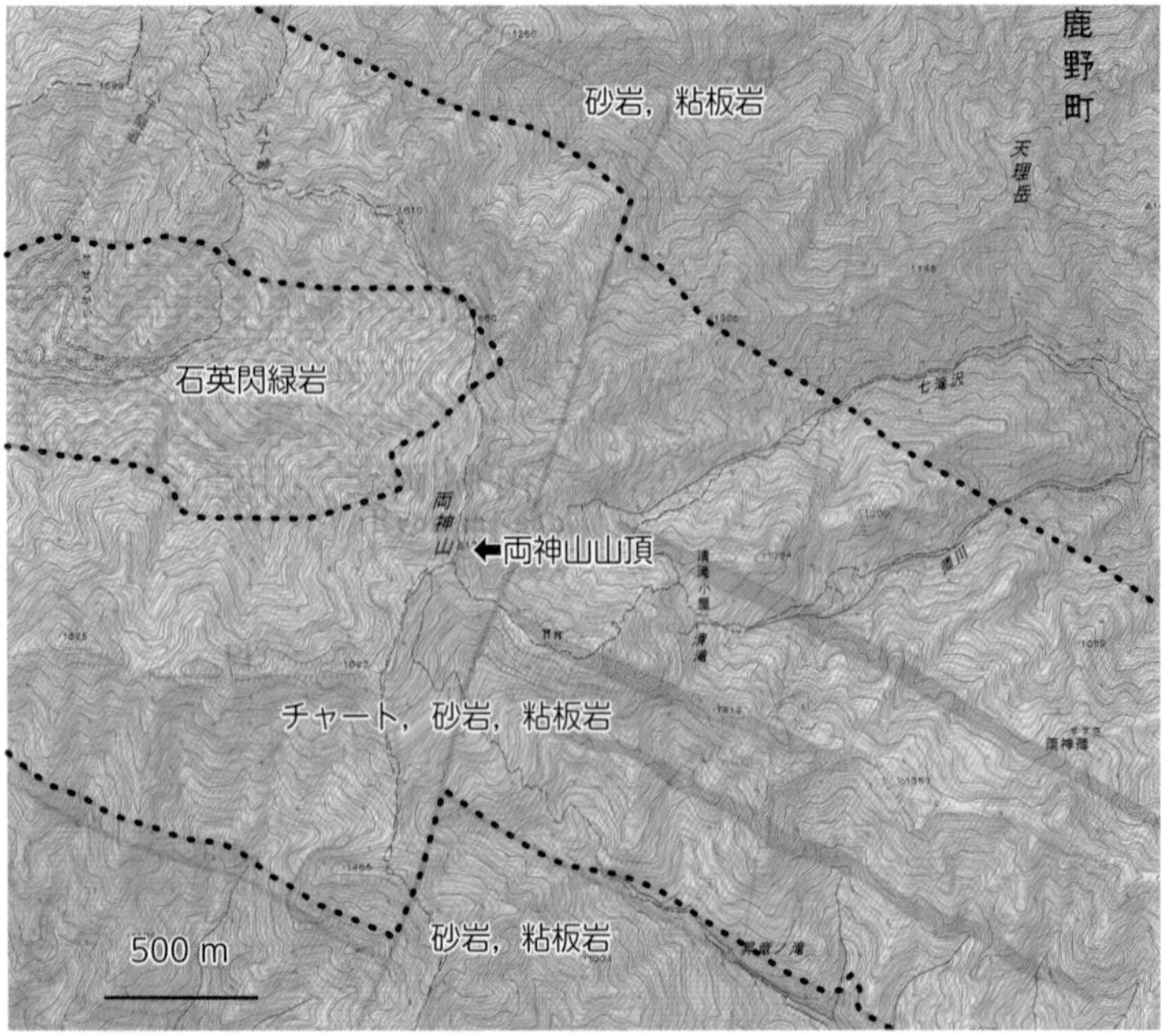

図3・15　両神山付近地質図と地形図。(地質図Naviによる)

する業務に従事する人、さらには地質に関して関心をもつ人まで誰でも簡単に地質を確かめることができ、大変便利になりました。

さて、両神山の場合をみてみましょう(図3・15)。

関東山地には、中生代に海底で堆積したものに由来する岩石(堆積岩)で、付加体の項で登場した**秩父帯**とよばれる地質が広く分布します。両神山付近もその一部です。詳細にみると両神山山頂を中心に、幅約2

キロメートルの北西から南東に伸びる帯状の部分はチャート、砂岩、粘板岩が分布し、それ以外の部分は砂岩、粘板岩とされています。また山頂の西側には部分的に地下で冷え固まった石英閃緑岩も分布します。両神山付近は、**チャート**という岩石が多くなっています。チャートは放散虫とよばれる海にいる小さな生物などの死骸が堆積してできた岩石で、非常に緻密で硬いのが特徴です。火打石にも使われています。風化や浸食に強く、これが両神山の鋭い稜線を構成しているのです。

軟らかい岩石がつくる地形――地すべり

今度は軟らかい岩石と地形の関係をみてみましょう。

日本の山地には、人が生活を営んでいる場所が多くありますが、そのような地域で特徴的な風景のひとつとして**棚田**があります。山が広がる地域のわずかな緩斜面を工夫して、いくつもの段々をつくりながら水田耕作をする姿は、ある意味で平地が少ない山国日本の農業の象徴かもしれません。棚田があるところでは、それを観光資源として活用している場所もあり、多くの人を集めています。

棚田は、自然の地形を利用して人間の手でつくられています。その多くは、**地すべり**と

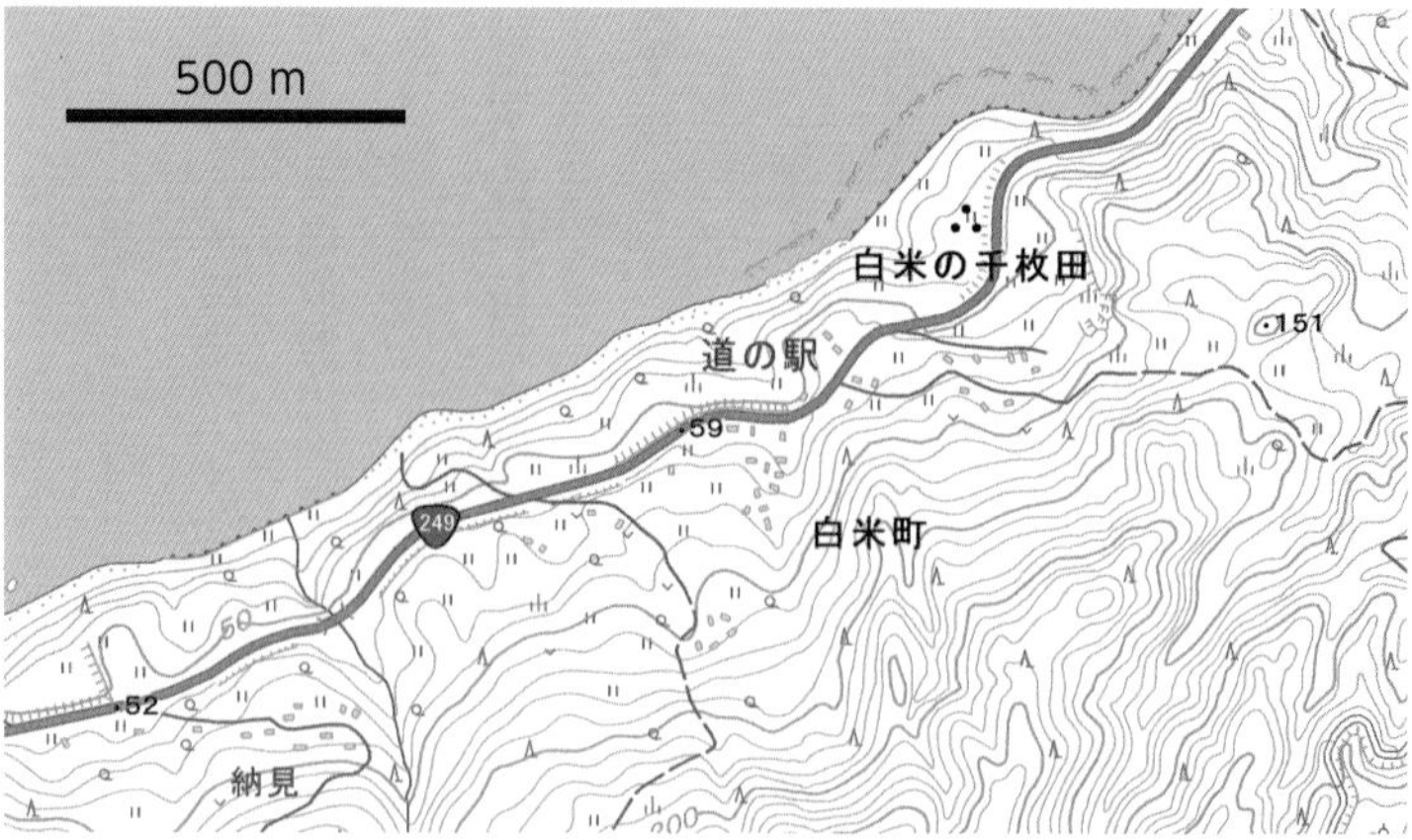

図3・16　能登半島、白米千枚田付近の地形図。(地理院地図による)

いう自然の地形を利用していることが多いようです。地すべりという言葉は、一般的にもなじみのあるものかと思います。しかし専門分野では、やや曖昧な用語なのですが、ここでいう地すべりとは、普段は動いていないか、動いていたとしても非常にゆっくりした速度(年間数センチメートル以下、ときにはもう少しと速い場合もある)で、地下数十メートル以浅の部分が移動する現象です。

すべっていくいちばん高い付近には、滑落崖とよばれる三日月状の崖ができますが、移動していく土塊のあたりにはやや緩やかな地形ができます。そこを利用して棚田がつくられますが、地すべり地はそもそも水と関係し、水も得やすいので水田をつくるには条件がよ

図３・17　能登半島、白米千枚田付近の棚田風景。

いのです。

日本列島全体でみると、こうした地すべりが多く分布する地域があります。その代表は東北地方の日本海側から新潟県と長野県の山間部、北陸地方です。いずれも豪雪地帯であり、新第三紀の泥岩が厚く分布している地域で、これが地すべりを多くさせる理由です。新第三紀の泥岩は、地質的には軟らかい岩石です。これに加えて、豪雪地帯ですから融雪期の水の豊富な時期に、地すべりが発生しやすいのです。

能登半島の日本海側に面したところに白《しろ》米千枚田《よねせんまいだ》とよばれるよく知られた棚田があります（図３・16、17）。付近は海岸に面しており、標高は数百メートル以下ですが平坦地がない斜面からなります。写真（図3・17）中央を左右に道路（国道249号線）が走り、その奥と手前に棚田がつくられています。水田には水を張る必要がありますから、細かくつくられた畦《あぜ》は必然的に等高線と同じ形になります。また写真奥側では、滑落崖の一部が認められます。

能登半島の白米千枚田付近も、泥岩や火山岩からなる新第三紀の地質が分布していて、非常に多くの地すべりが見られ、棚田がつくられています。しかし減反政策もあり、かつてに比べるとその数は減り、荒れ地となったところも多いようです。地すべりの地形をもつ山の風景も、時代とともに変化していきます。

Enjoy Landscape
Tales from Topographic Lands
in the Japanese Islands

第4章

火山がつくる日本のでこぼこと風景

1 火山は日本のでこぼこの象徴

火山とはどんな山なのか

火山とは、文字どおり火の山で、地中の深いところからマグマが上昇してきて、地表に噴出する一連の活動の結果生じる地形のことです。「火山」という言葉がvolcanoの日本語訳として広く定着するのは西洋の学問をとり入れはじめた明治以降のことです。それ以前からも、この列島に人が住むようになってからもずっと、日本の各地で火山の活動は継続してきたはずです。それを人々は火山という言葉を知らない時代には、何とよんでいたのでしょうか？　なにしろ、突然山が噴煙を上げ火を噴いて爆発するのですから、こんな恐ろしいことはありません。その噴火爆発に遭遇した人々にとっては、名状しがたい恐怖につつまれたことでしょう。

今では、火山のメカニズムもだいぶわかってきて、噴火がどのように起こるのかも説明できるようになりました。

日本列島の火山のほとんどは、太平洋プレートやフィリピン海プレートの沈み込みが原因で誕生しました。これらのプレートは水を含む堆積物を地下深くまで運ぶのですが、この水は不思議なことに岩石が溶けはじめる温度を低くする作用をもちます。このため、沈み込んだプレートの表面が地下１００キロメートルに達した付近では、その直上のマントル中で岩石が溶け、マグマとなります。マグマはまわりに比べて軽いので浮力がかかり、上昇します。途中で留《とど》まりマグマが溜《た》まる場所もあり、**マグマ溜《だ》まり**とよばれています。最終的に地表まで達すると噴火となり、火山が形成されます。マグマがそのままドロドロと出てくれば溶岩として、また噴火のときに爆発などで砕かれた固体として出てくれば火山灰や火山岩塊、軽石やスコリアなどとして噴出されます。

日本中には１１１の活火山がある

日本列島には、いったいいくつの火山があるのでしょう。その昔、学校では、火山には現在も活動中の**活火山**と、噴火の記録はあるものの現在は活動していない**休火山**、それに歴史時代の噴火記録がない**死火山**があると教えていました。富士山は休火山、として習ったという人も多いはずです。

しかし、火山の活動はとてつもなく長く、たとえ千年くらい噴火がなかったとしても、それもほんのちょっとした休止にすぎず、死んでいるともいえないかもしれません。

気象庁は現在「過去1万年以内に噴火した火山及び現在活発な噴気活動のある火山を活火山とする」と定義しています。最近では2017（平成29）年に日光の男体山が新たに活火山に選定されています。この結果、現在日本中の活火山の数は**111**となっているのです。

休火山や死火山という分類自体もされなくなっています。したがって、富士山も立派な活火山のひとつなのです。

また、その111の活火山のうち噴火の可能性や、その社会的影響を考えて、「火山防災のために監視・観測体制の充実等の必要がある火山」（常時観測火山）として火山噴火予知連絡会は50の火山を選定しています。活火山のうちの半分近くは、防災上から常に監視していなければならない、としたわけです。

現在のところ、噴気や噴煙を上げていたり、たまに爆発を繰り返しているような火山は、桜島、阿蘇など、約20箇所くらいはありそうです。火山の活動期間は山によって異なりますが、数日くらいから長いと10年単位で活動が続きます。それでもいつかはそれが終息するときもきて、また別の火山で新たな活動がはじまる、そんなことを繰り返してきたのが日本列島なのです。

火山のあるところとないところ

気象庁のサイトでは、１１１の活火山を日本地図上に△印をプロットした分布を示しています（「活火山とは」https://www.data.jma.go.jp/svd/vois/data/tokyo/STOCK/kaisetsu/katsukazan_toha/katsukazan_toha.html）が、これを見ると北は北方領土から北海道を横断するように△が並び、東日本も北から南へ日光経由で長野へつながる線が描かれたように並んでいます。またそこから、富士箱根、南には伊豆諸島を経て、硫黄島まで線がつながっています。近畿・四国地方には△はほとんどなくて、山陰から九州、また南の南西諸島まで線を描いて並んでいます。図１・７ではこの様子が簡略化して示されています。

活火山は、日本列島をくまなく縦断しているようでありながら、ある場所に限定的というか、集中しているというか、何か法則性があるように思えます。たとえば東日本では上記の北方領土－富士箱根－硫黄島を結ぶ線の太平洋側にはいっさい火山が見当たりません。同様に山陰－九州－南西諸島までの線の太平洋側にも火山がありません。このふたつの線は**火山フロント**（**火山前線**）とよばれ、火山の分布限界を示す重要な線です。じつはこの線の地下は、先ほど述べたプレートの表面が地下１００キロメートルに達する付近です。太平洋プレートとフィリピン海プレートが運んだ水により、この線から日本海側にかけては地下でマグマが生じ、火山が形成される環境になります。

火山がつくる風景にはどんな特徴があるか

火山がつくりだす風景にはそれ以外の山々の風景とはことなる特徴があります。火山ではない山の風景は、ひとつの峰というよりも峰を引き立たせる周囲の山とのバランスや組み合わせが重要です。これに対して火山の場合、単独の峰だけでその特徴的な風景が成り立ち、多くの場合、独立した孤立峰として存在するからです。孤立した高まり、それができあがる根本的な理由は、同じ場所で何回も噴火があり、溶岩や火山灰、火山岩塊、軽石、スコリアなどが積み重なるためです。このような何回もの噴火を繰り返すのは**複成火山**、そして噴出物が層をなすのは**成層火山**とよばれます。その代表は富士山であり、一般的な火山のイメージかと思います。なかには一回きりの噴火で地形ができておしまい、という

単成火山というタイプのものもあります。

成層火山は凸の地形です。これに対して凹の地形もつくりだすのも火山の特徴です。火山は地球内部にあるマグマの出口ですからそのための穴があるのは当然です。マグマの出方、すなわち噴火の仕方にはさまざまあります。おとなしくドロドロと溶岩が出る場合もあれば強い爆発を伴い火口付近が噴き飛ばされ穴ができる場合もあります。さらにはあまりに多量のマグマが噴出するため、地表付近が広く陥没してできる**カルデラ**（スペイン語の釜や鍋という意味の言葉に由来）という地形もできます。地球上にはいろいろな地形がありますが、その中でも不思議なほど幾何学的な形をもつものが多いのが火山の地形ですが、とりわけ**火口**や**マール**とよばれる地形には完璧な円を描くものも多いのです。

日本には多くの火山があり、世界の活火山の約１割があるともいわれています。数だけではなく、火山の種類、火山地形の多さもふんだんにあり、成層火山からカルデラ火山、複成火山から単成火山、多くのものが揃っています。しかしそれらの分布には特徴があります。成層火山は比較的どこでも見られますが、カルデラですと大規模なものは、北海道、東北、九州に集中します。

「第四紀火山」という専門用語はなぜ生まれたか

これまでとくにことわりなく「火山」という言葉を使用してきました。しかし何をもって火山というのでしょうか。

火山研究の分野で「火山」という場合には、噴火活動が**第四紀**という地質時代（260万年前から現在までの期間）に起きていたかどうかが鍵となります。これを強調するために「**第四紀火山**」という言葉が世界中の火山研究者の間で使われています。過去約260万年間は46億年の地球の歴史からいえば、その1800分の1の時間というごく最近のわずかな期間ですが、一方で活火山の条件である1万年に比べてかなり長いものです。当然数も多くなり、国内の第四紀火山のカタログを整備している産業技術総合研究所のサイトによれば500近くあります。そもそも火山を活火山に限ってしまうと困るのです。日光の男体山は縄文時代のはじまり頃にかなり大きな噴火をしました。見た目も立派な成層火山です。ですが活火山の仲間入りをしたのはつい先日のことです。伯耆《ほうき》富士とよばれる鳥取県の大山《だいせん》は日本最大の**溶岩円頂丘**をもつともいわれている雄大な成層火山です。しかし活火山とはされていません。火山を活火山に限ってしまうと日本列島の火山の実態が見

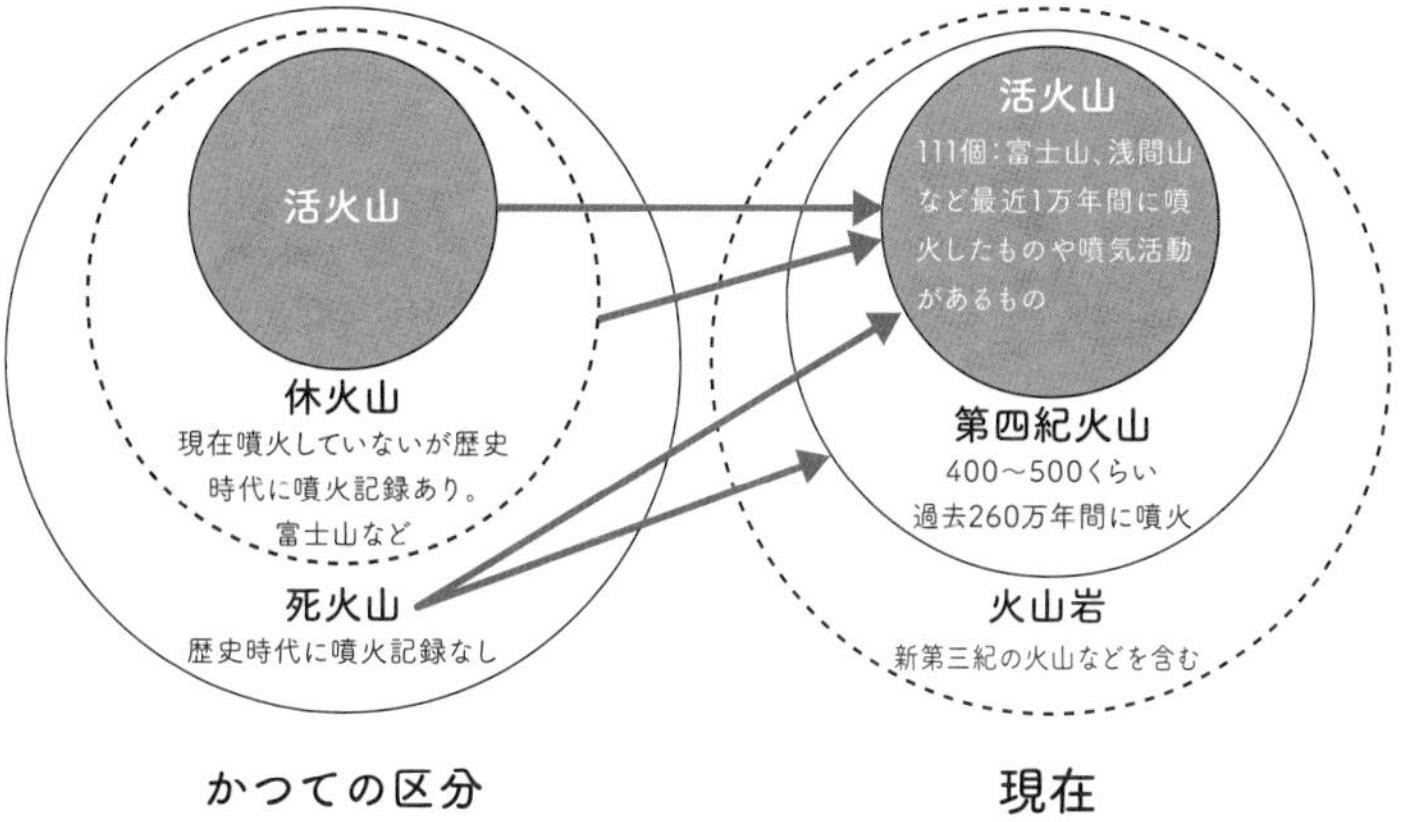

図4・1　日本の火山の新旧分類法。

えてきません。別の言い方をすれば火山にとっては1万年は極めて短い時間なのです。

「第四紀火山」の言葉が重宝される重要な理由があります。第四紀に活動した火山は火山らしい面影（地形）を残していることが多い、という点があげられます。それよりずっと古い第四紀よりも前に活動した火山は、火山体に相当する地形が残されていない（火山岩は断片的に残っているが）ことが多いので火山とはよびたくないのですが、第四紀の火山活動で形成されたものはそれなりに火山体が残されていることが多いのです。さらに第四紀に噴火の事実があれば、未来の噴火の可能性があることを示唆します。このあたりの仕切りをするのに「第四紀火山」は便利な言葉です。「休火山」「死火山」は誤解を招きやすいので、この言葉の使用は避けられるようになりました。その代わりとして、第四紀火山として大きく括られるようになったわけです。これらの関係を図に示したものが図４・１です。

第四紀火山の例を見る

さて、第四紀火山で述べた「火山らしい面影（地形）」という表現は曖昧です。地表から風景として見るか、航空機からすなわち上空から見るか、地図で見るか、衛星写真で見るかで見え方も変わりますが、上からの俯瞰がどうやら火山らしい地形を探すのには適しているようです。

たとえば、第四紀火山の火山らしさを見るために、図４・２に関東北部から信州地域にかけての地形陰影図をあげてみました。代表的な地名も加えています。

土地勘のある人であれば地名がなくてもどの地域の陰影図であるか気づくと思います。国土地理院が公表している地図（地理院地図）のひとつの地形の表現方法である陰影図は、等高線の地図よりは地形を捉えやすい利点があります。

このなかに、成層火山の形状を示す第四紀火山は、いったいどこにあるのでしょうか。

料金受取人払郵便

牛込局承認

7375

差出有効期間
2022年11月25日
まで

（切手不要）

郵便はがき

1 6 2-8 7 9 0

東京都新宿区
岩戸町12レベッカビル
ベレ出版
読者カード係　行

お名前	年齢

ご住所　〒

電話番号	性別	ご職業

メールアドレス

個人情報は小社の読者サービス向上のために活用させていただきます。

ご購読ありがとうございました。ご意見、ご感想をお聞かせください。

● ご購入された書籍

● ご意見、ご感想

● 図書目録の送付を　□ 希望する　□ 希望しない

ご協力ありがとうございました。
小社の新刊などの情報が届くメールマガジンをご希望される方は、
小社ホームページ（https://www.beret.co.jp/）からご登録くださいませ。

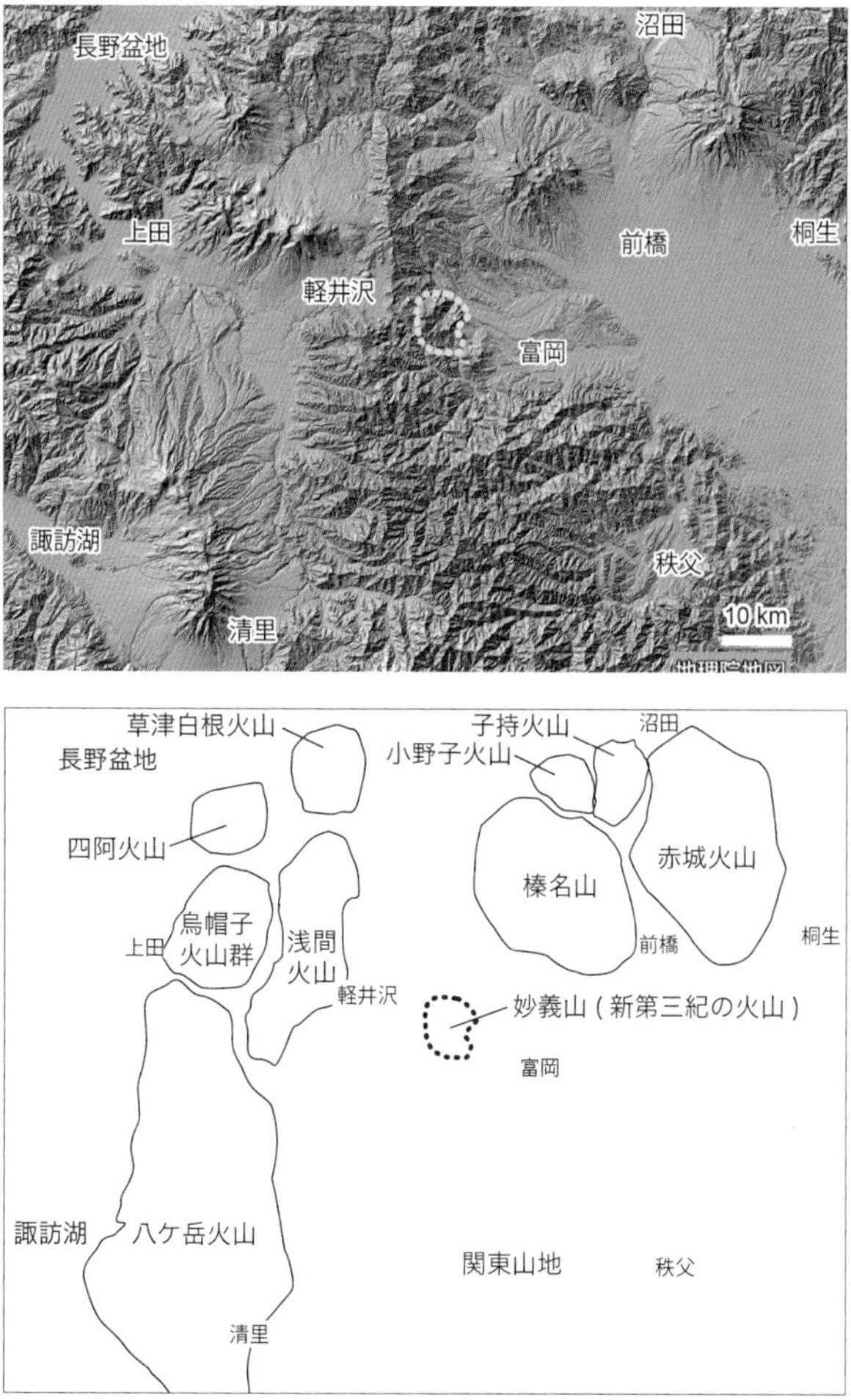

図４・２　関東北部から信州地域にかけての陰影図と第四紀火山。（地理院地図による）

成層火山を見分けるには、谷は山頂から放射状に伸びているとか、火山噴出物により谷がなく滑らかな斜面をもつなど、ポイントはいくつかあります。図4・2の下にその名を示してみました。これらは、この地域の代表的な第四紀火山の場所と名称です。9つありますがこのうち活火山は赤城、榛名、草津白根、浅間、横岳（八ヶ岳北部）の5つで第四紀火山の半数程度です。

新第三紀の火山――妙義山の場合

この図には、第四紀より古い時代の新第三紀の火山の残骸もあります。そのひとつが図の中心で点線で囲んだ部分です。これは群馬県の名山、上毛三山のひとつ、妙義《みょうぎ》山です。その南側には、関東山地が広がっています。はたして妙義山の領域に火山らしい面影（地形）は見えるでしょうか。それらしいものは見当たりません。

妙義山は地形的には完全に関東山地の一部になっており、中生代～新生代の堆積岩からなる、火山とは縁のない山地にとり込まれています。妙義山がかつて火山であったことは大雑把な地形からはわかりません。成層火山の場合、噴火が途絶えると浸食が進行して谷が発達し、火山らしい地形が薄れ、通常の山のような姿に移りかわります。浸食の速さは降水量など気候に関わるので、世界中どこでも通用するというわけではありませんが、日本くらいの条件ですと数百万年以上経過すると火山らしさが失われるようです。妙義山が火山として活動していたのは６００万年前〜５００万年前で、その頃は火山として盛んな活動を繰り返していましたが、現在ではその面影がすっかりなくなりました。

ただし妙義山に近づくと、ここは火山であったことがわかります。この山は大変険しく、いたるところに絶壁が見られます。これは硬い火山岩に由来します。

日本の象徴である富士山は成層火山、しかしその姿はかりそめ

もし日本に富士山がなかったら、あるいは存在していてもその形がもっと違っていたらどうでしょうか。日本人の心に無意識に存在しているものが、ぽっかり抜かれてしまうような気さえします。富士山がこれほどまでに見る人を惹きつける理由は、まずその裾野を優雅に広げた形にあるのでしょう。

山頂に近いところは急ですが、山頂から離れていくと傾斜が徐々に小さくなり、緩やかな曲線を描きます。つまり裾野は広く長く発達しており、どっしりと安定した形です（図

図4・3　北東麓の忍野八海付近から見た富士山全景。

4・3）。急峻さと安定さが同居しているところが、この形の美しさを引き出しているのでしょう。

傾斜が変わるのは、山頂付近では溶岩や火山灰の積み重なりの部分が多いのに対して、裾野では土石流などにより運ばれた扇状地的な地形の割合が大きくなるためです。このような成り立ちの富士山型の火山は多くあり、成層火山の典型的な姿です。

ところで専門分野からみると、富士山の現在の姿を楽しめる日本人は、まことに運がよいということに気づきます。というのもいくつもの条件が重なって、たまたま現在のような美しいと感じられる富士山に、われわれは向き合うことができているからです。

国内の富士山型火山をみると、富士山のような対称性が保たれているものもあれば、かなりいびつなものものもあります。富士山型火山は、噴出物が積み重なっているので、不安定で崩れやすく、長い間にはだんだんその形が失われていく運命にあります。

地球上には水があり、その循環によって雨が降るために、常に浸食作用も働きます。富士山の歴史も、火山体の成長と崩壊、浸食の歴史なのです。

富士山では、約２９００年前に大崩壊が起こって、東側の斜面に大きな凹地ができました。もしかしたら山頂付近も失われていたかもしれません。崩れた土砂は現在の御殿場の街の方に流れ下り、縄文時代の末期に大きな火山災害が発生したことがうかがえます。この崩壊でできた凹地はいまでこそその後の噴火による溶岩や噴出物で埋め尽くされ跡形も残っていませんが、崩壊直後の富士山は大きくえぐられた姿をさらしていたはずです。将来もまた同様な崩壊は確実に起きると思われますが、それがいつになるかは誰にも予測できません。いずれにせよ、今の形は長い変化の間の途中の、ほんの一時的なかりそめの姿であり、将来形を変えた後の姿は何通りも予想できます（図４・４）。

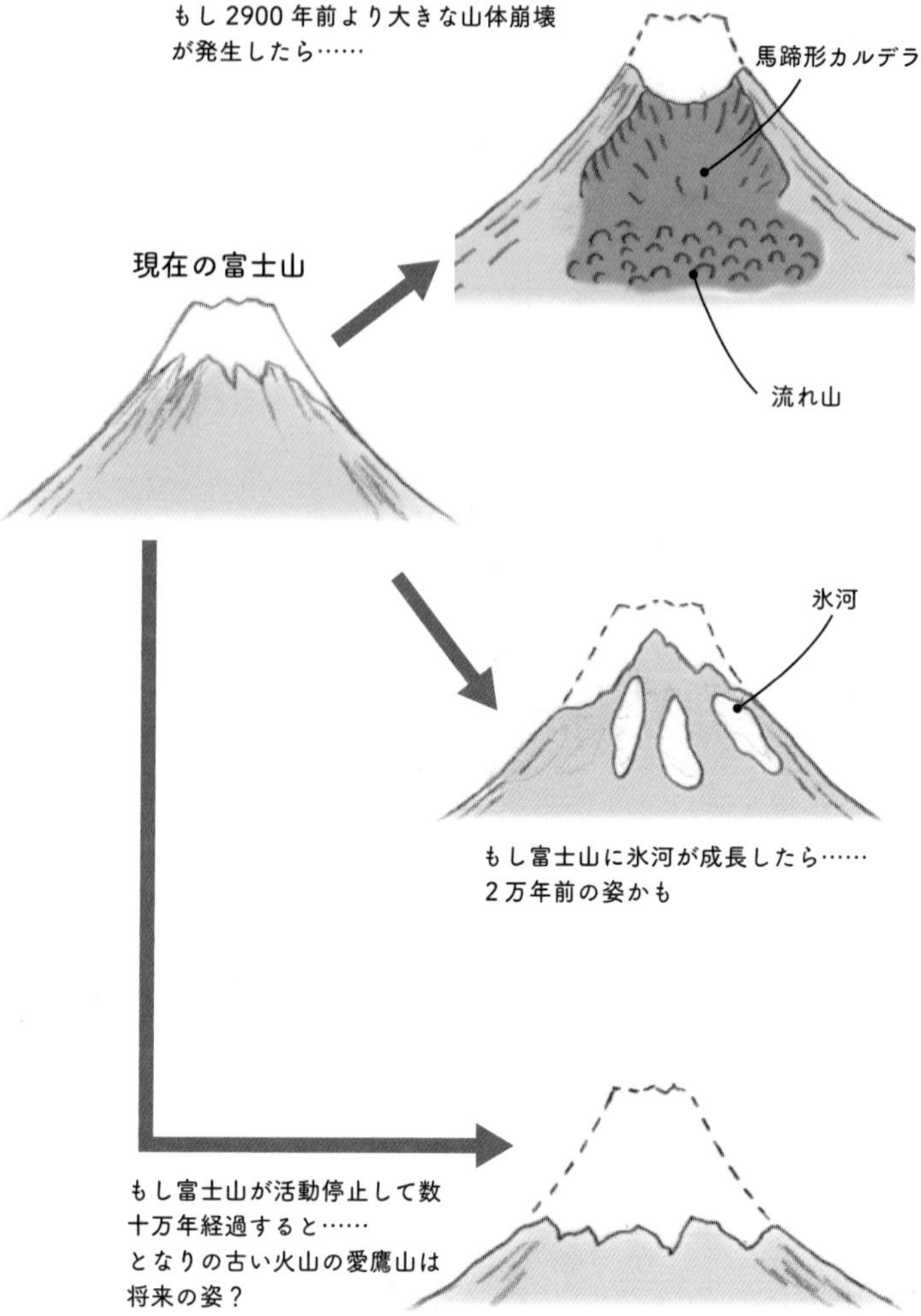
もし2900年前より大きな山体崩壊
が発生したら……
馬蹄形カルデラ
現在の富士山
流れ山
氷河
もし富士山に氷河が成長したら……
2万年前の姿かも
もし富士山が活動停止して数
十万年経過すると……
となりの古い火山の愛鷹山は
将来の姿？

図4・4　富士山の考えられうる未来の形。

いうまでもなく高さは日本一だが

富士山が日本一の山といわれるのは、いうまでもなくその高さです。凸型になる成層火山の標高が高いということは、それだけ噴出し積み重ねてきたマグマの量が多かったことを意味しています。

火山の中にはもともと高い場所で噴火して、そこに噴出物が積み重なり、火山となった場合もあります。この場合は、いわば下駄を履かせて見かけが高くなっているので、本当に多量のマグマが出てきて高くなったとはいえません。

富士山の南西側の裾野は、富士市付近で駿河湾に迫っています。駿河湾最奥部は、部分的に富士山の続きかと思えます。つまり標高と富士山本体の厚さに大きな違いがなく、下駄を履かない火山、正真正銘の大火山です。

実際に富士山は、日本の成層火山のなかで最大級の大きさです。日本火山学会が１９９９年に発行した『日本の第四紀火山カタログ』では、その体積が約５００立方キロメートルと推定されています。これは国内の陸上部の火山としては最大級です。

富士山底面の半径は20キロメートルくらいで、これは富士吉田、御殿場、富士宮などの街から山頂までのおおよその距離に近いものです。富士山同様な形をもつ成層火山は多くありますが、その底面の半径は赤城火山（群馬県）で15キロメートル、木曽御嶽火山（長野県・岐阜県）で10キロメートル程度です。こうしてみても、富士山が日本一高いだけでなく、いかに巨大な火山であるかがよくわかります。

雪をかぶる富士山の位置も絶妙

地球規模で眺めた富士山の位置も、まさしく絶妙な位置どりをしているといえます。日本列島は北半球の中緯度地域に存在しますが、富士山の山頂は標高が高いために年間平均気温は約マイナス6度です。ここが富士山の風景にとって、重要なポイントになります。

夏季には雪が解けるので、雪のない富士山の景色を眺めることができます。年間を通じて雪に覆われることはありません。したがって、氷河も発達できません。大雪の後は裾野から山頂まで冠雪しますが、夏以外で定常的に雪の白さが目立つのは上半分だけです。これもちょうど絵になる割合です。もし富士山がもっと高緯度にあれば、いつも雪に覆われているかもしれません。さらに山頂に氷河が発達し、氷河の浸食作用により地形が変わっていたことでしょう（図4・4参照）。

現在の地球の気候環境は温暖期で、７０００年前からずっと現在と似た気候環境にあります。しかし、２万年前の氷期は現在よりもかなり寒冷であり、当時の富士山の標高が現在と同じとすれば、山頂に氷河があり圏谷とよばれる氷河地形が形成されていた可能性がありますす。これを指摘する研究者は数多くいます。氷河のある富士山も興味深いと思いますが、その場合には現在の端正な地形はなかったことでしょう。富士山が存在する緯度と、地球の気候変動の中の現在、というのは富士山の風景にも大きな意味をもちます。

2

火山がつくる日本列島のでこぼこ

どのようにして火山列島はできたのか

日本列島はいうまでもなく火山列島です。ではいったいいつからそうなったのでしょうか。それは日本列島の火山岩を見るとわかります。第四紀火山による火山岩だけでなく、もっと古い時代のものを含めると日本列島の面積の25パーセントくらいが火山岩からなります。その中には中生代火山岩なんていうものも含まれています。岐阜県にある濃飛《のうひ》流紋岩《りゅうもんがん》とか足尾山地の奥日光流紋岩などは中生代白亜紀の巨大噴火の産物で、まだ日本列島がアジア大陸の一部であった時代です。

その後も有名な活動が知られています。**大谷石**《おおやいし》の名前は聞いたことがあると思います。壁の材料などでもよく知られている、うすい緑色をした大変に軟らかい石です。正式名称は**凝灰岩**《ぎょうかいがん》であり栃木県でよく採掘されます。これは新第三紀中新世の1500万年前頃、日本列島が大陸から切り離された頃の火山活動によるものです。日本各地にはこの頃の火山岩が広く分布し、緑色を呈していることから**グリーンタフ**などとよばれています。タフとは疑灰岩の英語名です。このように日本列島は遙か以前から火山列島でした。

火山のつくりだす風景とはどんなものか

日本の地表を広く覆う火山岩、５００近くある第四紀火山、火山フロントよりも東側に火山の存在しない地域はあるものの、もはや日本列島の景色から火山を除外することはできません。国立公園を見ても火山と無関係のものはあまり多くありませんし、深田久弥《ふかだきゅうや》による『日本百名山』の約半数48座は火山です。火山を語る上で温泉も欠かせません。江戸時代には、相撲の番付風に格付けした温泉番付が東西でつくられました。西では有馬、但馬と火山と関係ない温泉が首位を占めますが、東では草津、那須など火山にまつわる温泉が見られます。知らず知らずのうちにわれわれの身のまわりに火山があるのです。観光からも火山を切り離すことはできません。

身のまわりといえばかつての学校では社会科で「〇〇火山帯」という用語が重視されました。富士、那須、鳥海、霧島火山帯です。富士はともかくとして、当時なぜそれぞれの火山帯で那須、鳥海、霧島が選ばれたのか疑問に思いながら覚えたものですが、今ではあまり使用されません。火山フロントという言葉とその意味がわかればとりあえずはよいかと思います。火山をとりまく言葉も時代とともに変化してきました。しかし火山自体は時折起こる噴火により姿を変えてきましたが50年前と変わりません。大きく変化したのは雲仙普賢岳、伊豆大島、三宅島、有珠山など数えるほどです。以下ではそんな火山の地形をいろいろ見ていきましょう。

火口と側火山そして割れ目噴火

火山をもっとも火山らしく見せているのは、とんがった山容とそのてっぺんにある火口とよばれる穴、そしてそこから吐き出される噴気や噴煙でしょう。普段静かな火山であっても、マグマ溜まりに溜められたマグマが、これ以上蓄えきれなくなったとき、あるいは地震でゆすられた刺激でマグマに含まれている水が発泡しはじめて一気に爆発が引き起こされたとき、さまざまな物理学的な条件で噴火がはじまります。マグマが**火道**とよばれる縦穴を通って移動し、地表に到達して噴火するときに、噴出口に穴を開けますが、それが**火口**です。火口は地下と地表をつなぐ不思議で神秘的な場所です。ジュール・ヴェルヌの小説『地底旅行』でも地球内部への入口として扱われています。

火山自体は凸型の地形をつくりますが、火口自体は凹型の地形です。一般的に火口はそのまま地下深くまですっぽり穴が続いているわけではなく、多くの場合すり鉢型になっているか、埋まりかけています。噴火時や噴火後に火口付近の岩石が崩れたり噴出物が噴き飛ばされるからです。火口の穴だけでも、火山噴火の威力を想像できますが、これを眺めるには山の頂上近くまで登らなければなりません。また、活動中の火山は危険なため入山規制もあります。多くは山麓や火山の近くまで行って、そこから眺めることになりますが、この場合は火口そのものを覗くことはできません。それでも、山頂付近がギザギザのような形をしていれば、そこが火口のふちだと想像することはできます。形はほぼ円形になり、だいたい直径2キロメートル以内のものを火口とよび、それより大きな凹地はカルデラとよびます。山体自体もほぼ円形に近い、羊蹄山や開聞岳のようなものも多いのですが、個別に見ると微妙に違います。たとえば、美しいとみんなが思う富士山も、細かく見ると宝永火口や大沢崩れが、その形を少しいびつにしています。しかし、それを除くと、火口の直径が７００メートルの富士山はだいたいどこからでも同じような形に見えます。

ですが、等高線などを厳密に詳しく見ると、その輪切りにしたときの形は、北西－南東

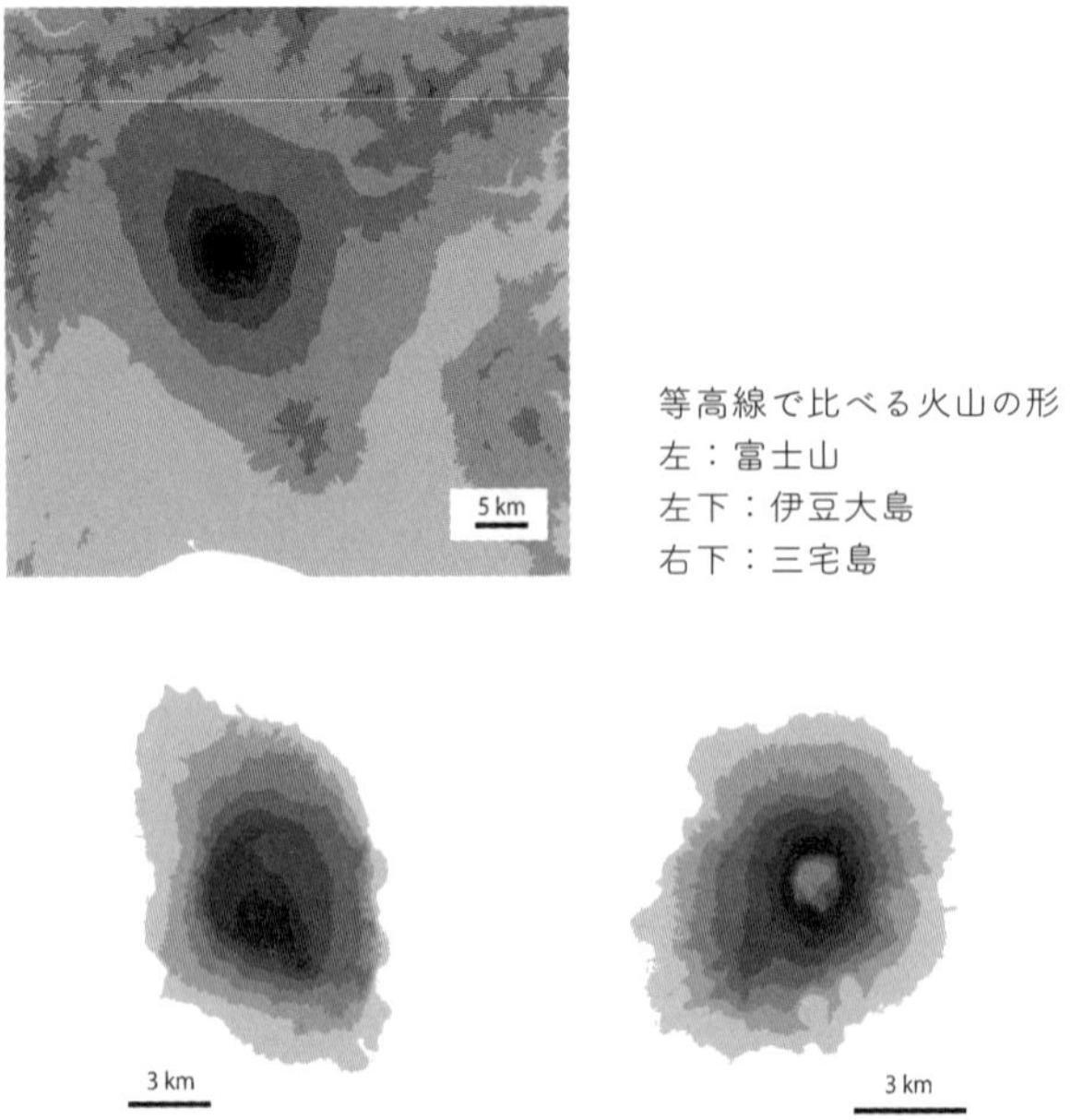

図４・５　富士山・伊豆大島・三宅島の形。（地理院地図による）

方向に少し楕円形になっています（図４・５）。

　これは富士山の噴火が中央の火口だけではなく、山頂を通過する北西－南東方向のゾーンでも起こって、溶岩などの噴出物により高く成長してきたことに起因します。このように火山の中央の火口でないところで噴火することを**側《そく》噴火**といい、それによりできた火口や小さな地形を**側火口**や**側火山**といいます。

　現実に富士山の最新の噴火（１７０７年江戸時代の宝永

４年）は、現在では宝永火口とよばれている山頂の南東側の斜面で起きています。不思議なことに、その前の噴火も平安時代に北西麓で起きました。次の噴火が山頂で起きるのか、それとも側噴火か、現段階では判断できませんが、研究者も注目しているところです。

では、富士山ではなぜ北西－南東方向の部分で、多くの側噴火が発生するのでしょうか。それは地下にかかっている力と関係しています。富士山周辺の地下深くでは、フィリピン海プレートが北西方向に移動してきて北米プレートに衝突しています。このため北西－南東方向に力がかかっているのです。富士山の地下では北西－南東方向に隙間ができやすく、そこをマグマが上昇するため、結果的に山頂を通過する北西－南東方向のゾーンで噴火しやすくなっているのです。

マグマの通り道は、岩盤の隙間なので、地表に続く隙間を通ってマグマが地表に達すると、複数の火口が直線上に並びます。このような噴火を、**割れ目噴火**といいます。

同じことは、富士山と同じく北西－南東方向に軸をもつラグビーボール状の伊豆諸島の伊豆大島でもいえます。地下で同じように力がかかっており、実際に１９８６年の噴火では三原山の山頂付近に北西－南東方向の割れ目噴火が発生しました（図４・６）。富士山から南東に90キロメートルも離れている伊豆大島の地下でも、富士山と同様に北西－南東

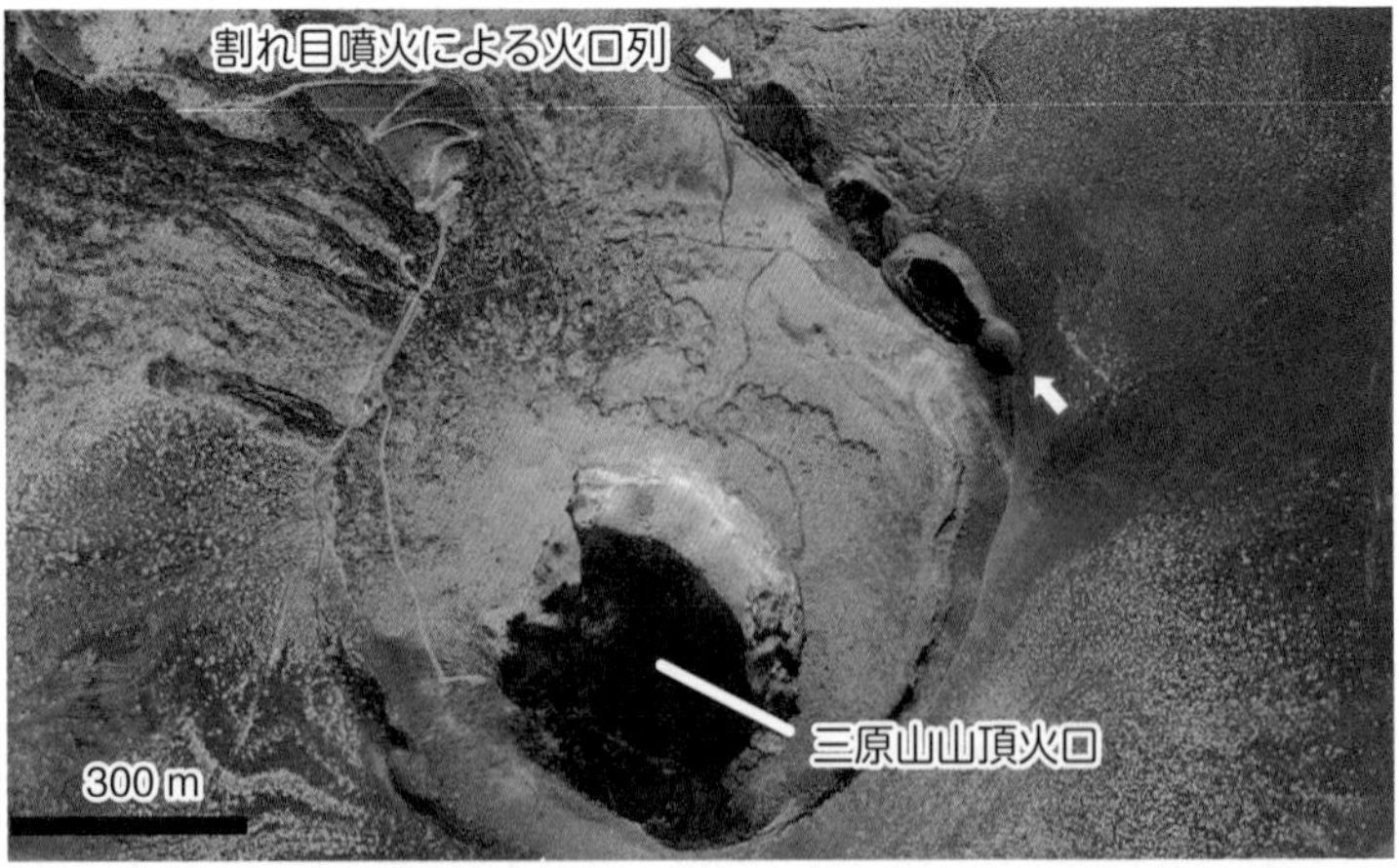

図4・6　1986年割れ目噴火でできた伊豆大島の火口列と山頂火口。(地理院地図による)

方向に大きな力がかかっているわけです。

ところが、さらに70キロメートル離れた三宅島では、島の形はほとんど円形で、富士山や伊豆大島のような斜めの軸はできていないようです(図4・5右下)。三宅島の場合、山頂噴火のみが起こってこうなったというのではなく、側噴火もあったものの山頂から見ればその方向に偏りがなく、ランダムにそれが起こっているためです。

三宅島の地形を詳細に見ると、側噴火火口だらけです。その分布は比較的均等です。フィリピン海プレートとユーラシアプレートの衝突域から離れた三宅島では、地下でかかる力に大きな偏りがなく、さまざまな方向に隙間ができて、そこをマグマが上昇するためだろうと思われます。

大規模な噴火とカルデラ

火山がつくる凹地の地形として、よく知られた地形がカルデラです。大規模なものはなぜか北海道、東北北部、九州に集中して分布します。凹地なのでカルデラ湖とよばれる湖を伴うことも多く、屈斜路湖や十和田湖など、風光明媚な風景をつくりだしています。一見すると平和な風景なのですが、カルデラができるような噴火は地球上で起こりうる噴火の中でもっとも爆発的なものです。その証拠のひとつがカルデラの大きさです。同じ凹地の地形でも火口とは違います。まず定義としては、直径2キロメートルくらいを境に、それ以上をカルデラとするという分け方をします。大きな凹地ということになるのでしょうが、規模の大きなカルデラのでき方として単なる爆発による穴、という解釈はあまり有力ではありません。多量のマグマが地表に到達し、その分地下に生じた欠損部分、すなわち隙間（空間）に地表付近の岩盤が落ち込む、というイメージで説明されます。このようなものは**陥没カルデラ**とよばれています。

最近の考え方ではとくに大きなカルデラでは、噴火がリング状に発生し、真ん中の部分が筒状に落ち込むことも考えられています。直線上に火口が並ぶ割れ目噴火の例を伊豆大島で紹介しましたが、その並ぶ火口の列が環状に一周するイメージかもしれません。国内でいえば南九州のシラス台地を1回の噴火で出現させた3万年前の姶良《あいら》カルデラ（鹿児島湾最奥部）の噴火や、阿蘇カルデラの噴火、日本最大の屈斜路カルデラの噴火でこのようなことが起きていたと考えられています。

日本最大級の阿蘇カルデラの場合、きれいな円形とはいえず、かなり出入りがあり、不規則な花びらのような形にも見えます。一方で、北海道の白老町にある倶多楽湖《くったらこ》のクッタラカルデラは、かなりきれいな円形を示しています（図4・7）。

阿蘇カルデラでは、少なくとも4回の**カルデラ噴火**（カルデラをつくるような大きな噴火）が繰り返されました。クッタラカルデラでは、カルデラができるような噴火は1回きりであった可能性があります。このためきれいな円形をもつことができたのでしょう。

池をつくり湖をつくる火山

火山のつくりだす風景の中でも、水辺を伴うものは特別の雰囲気を湛《たた》えています。やはり、水があるということが特別なのでしょう。でも水辺のでき方にはいろいろあります。

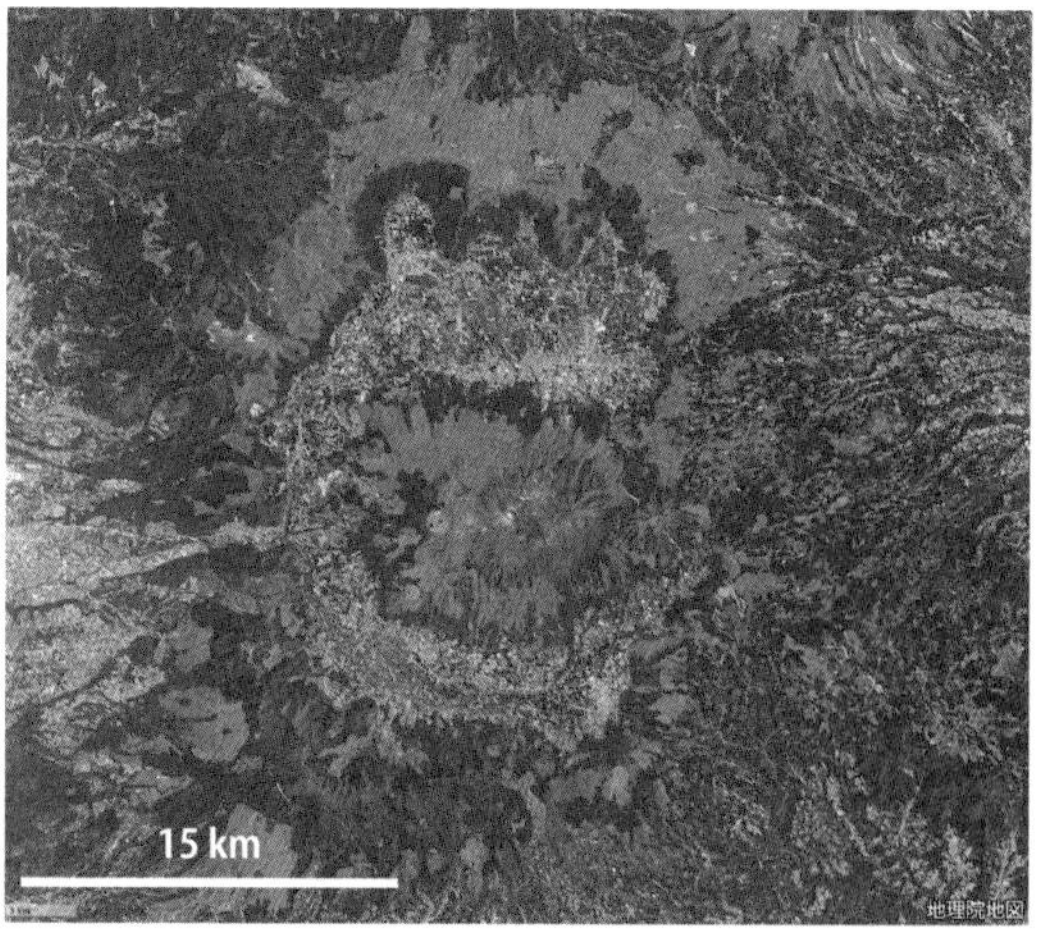

図４・７　阿蘇カルデラ（上）とクッタラカルデラ（下）。（地理院地図による）

図4・8　蔵王山、御釜。

小さなものは神秘的なたたずまいを見せる**火口湖**です。蔵王山の御釜《おかま》（図4・8）、草津白根山の湯釜、霧島山の大浪池《おおなみのいけ》など完璧に近い円形をもちます。火口に水が溜まって湖になるケースは多いのですがそれは一次的な姿です。御釜も湯釜もいずれも将来の噴火で失われる可能性があります。いきなり噴火することも考えられますが、噴火が近づくとやがて熱で蒸発し、カラカラに干上がってしまうことでしょう。

火山に関係するもう少し大きい湖としてカルデラ内に存在するものがよく知られています。完璧な円に近い倶多楽湖は、カルデラに水が溜まってできた湖ですが、このような均整のとれたカルデラ湖は稀です。日本最大のカルデラ湖である屈斜路湖をはじめとして、支笏湖《しこつこ》・洞爺湖《とうやこ》・十和田湖《とわだこ》など多くの湖がありますが完全な円形に近いものはありません。やはり阿蘇カルデラ同様に、湖の輪郭も何回もの噴火活動により複雑な形のものとなりました。

同じようにカルデラの中に広がる湖に箱根の芦ノ湖があります。カルデラ内の凹地にある点では他のカルデラ湖と同じですが、直接の成因はせき止めです。箱根にはカルデラの中に中央火口丘とよばれる高まりがあり、その一部の大涌谷《おおわくだに》では現在も噴気があり、２０１５年には小さな噴火も起きました。この高まりはしばしば崩壊し川をせき止め、湖をつくり上げました。火山周辺の湖にはこのようなせき止め湖が思った以上にあります。日光の中禅寺湖は男体山から流下した溶岩によるせき止めによりできた湖です。この溶岩流の一部は華厳の滝もつくり上げています。山中湖をはじめとする富士五湖も同様に、富士山の噴出物によりせき止められたり、湖の形が大きく変化してきました。富士山の北麓にはもともと「せの海」とよばれる大きな湖がありました。ところが平安時代の噴火により大量の溶岩が流れ込みました。そのなごりが西湖と精進湖です。またこの時の溶岩流は樹海で知られる青木ヶ原をつくりました。

東伊豆単成火山群を見る

成層火山にカルデラ火山、典型的な火山がつくる地形を見てきました。ところが富士山と伊豆大島のふたつの成層火山の間には、まったく異なるタイプの火山群があります。伊豆大島からは、富士山とその前方の伊豆半島北部が見え、富士山の少し左側に天城山という少し古めの成層火山があります。その活動の時代は古く、その地形はあまり明瞭ではありません。そのため、目立たないのですが、この天城山の山頂付近から北東麓、さらに東海岸部の伊東にかけての伊豆半島北東部には、火山の集中地帯があります（図4・9）。これらは、富士山や伊豆大島とはまったく異なるタイプの火山なのです。

火山といっても、噴気を上げているわけでも大きな山がそびえているわけではありません。とても小さな火山が散らばっています。それらは麓からの高さが300メートル以下の火山か、直径500メートル以下の凹地からなる火山です。

これらそれぞれの火山地形は、基本的に1回きりの噴火活動で形成されました。富士山型火山のように何回も繰り返して噴火することはありません。この1回限りという点が重要で、このような火山を**単成火山**とよんでいます。本章の最初に登場した複成火山という

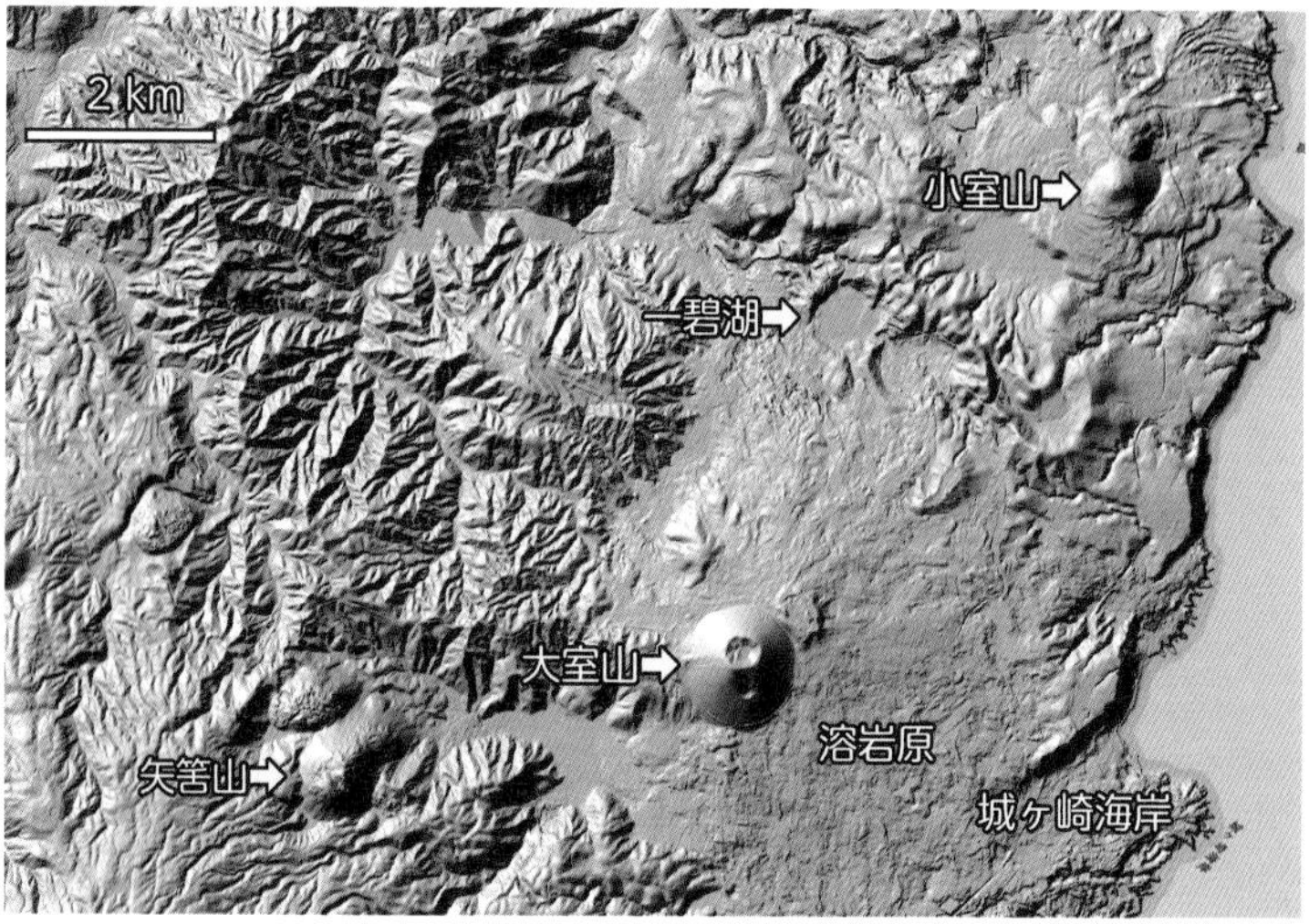

図４・９　東伊豆単成火山群の地形。（地理院地図による）

用語と対をなす言葉です。伊豆半島北東部の単成火山の集中帯は、**東伊豆単成火山群**とよばれています。

単成火山の形には、おもしろいものが多くあり、独特な風景をつくり上げています。とくに東伊豆単成火山群に所属する単成火山には、さまざまなタイプのマグマに由来するものがあるため、火山の形もさまざまです。粘っこい溶岩を特徴とする流紋岩質の単成火山ではボコッとした火山ができます。さらさらと流れやすい玄武岩質の単成火山では溶岩が薄く広がり、**溶岩原**が出現します。噴出物の性質が異なるため、形にもバリエーションがあるのです。まるで単成火山地形のデパートです。

ストロンボリ式噴火でできたスコリア丘が大室山

大室山は伊豆半島東海岸の観光地としても知られているので、訪れたことがあるという人も多いのではないでしょうか。この山は、一見すると小さな富士山型火山のように見えます。ですが決定的に異なる点があるのです。それは斜面が直線的であることです（図4・10上）。

富士山では、裾野から山頂にかけて徐々に斜面が急になります。しかし大室山の場合、麓から山頂付近まで一貫して約30度の傾斜です。それは、大室山に設置された観光リフトの様子を見てもよくわかります（図4・10下左）。このため遠くから見ると、頭が切られた円錐形の形で幾何学的です。しかも谷などが発達せず、滑らかな地形で、まるで人工的につくられたように見えます。

この大室山の地形は、**スコリア丘**とか**砕屑**《さいせつ》**丘**《きゅう》とよばれ、特別めずらしいという地形ではありません。スコリア丘はあちこちにたくさんあって、阿蘇カルデラでは米塚《こめづか》とよばれる極めて形が整ったスコリア丘が知られています。

図4・10　東伊豆、大室山スコリア丘。（右下は地理院地図による）

いずれも**ストロンボリ式噴火**とよばれる、溶岩のしぶきやスコリアなどの火山礫や火山弾を放出するタイプの噴火（イタリアのストロンボリ火山で見られたのでこのようによばれています）と関係しています。月から年単位という長期でこのタイプの噴火が継続すると、このようなスコリア丘が形成されます。スコリア丘の麓からは、しみ出すようにして溶岩流も流れます。ストロンボリ式噴火は、夜間だとオレンジ色に光る噴出物が飛び、まるで花火を見ているかのようにきれいな噴火です。大室山は、約4000年前の縄文時代のストロンボリ式噴火で形成されました。当時の縄文人はそのきれいな噴火と、スコリア丘の形成過程を見ていたのかもしれません。

なぜこんなに幾何学的で、いかにも人工的な、整った形になるのでしょうか。じつはこれも自然の為せる技なのです。砂時計の中でできる砂山や、炭鉱にあるボタ山と同じです。似たような大きさの粒子が、同じ一点に集中して落ちてくると、きれいな円錐形の形ができあがります。粒子はある角度（安息角《あんそくかく》）以上の斜面をつくることができず、下にコロコロと転がり落ちてしまいます。落ちた粒子を土台に斜面は外側に拡大しますが、直線的な断面をもつ斜面の角度は、一定に保たれた上で成長します。こうした単純なしくみでスコリア丘は形成され、シンプルで整った地形ができあがるのです。

もうひとつ重要な点は、スコリア丘は浸食されにくく、地形が変化しにくいことです。大室山も米塚も４０００年前以降に形成された、比較的新しく新鮮な火山地形であることも理由です。しかし、意外と古いスコリア丘でも元の地形を残したままのものが数多くあり、谷が刻まれにくいことを示しています。浸食に強いのです。

なぜ浸食に強いのでしょうか？　硬いからでしょうか？　そうではなく、むしろスコリア丘は地形としては軟らかい部類で、スカスカの地形です。ここが重要です。浸食を進行させる原因のひとつである雨が降っても、水が表面に流れずに、地下に浸透してしまいます。雨水という浸食を促すものを、やんわりとかわしていつまでも元の地形を保つのです。浸食に強い地形というのは、硬い岩石だけの場合ではない、という話はなるほどと思われます。

さて、大室山の形成後も、東伊豆単成火山群では時間を隔てて噴火が続き、それによりいろいろな地形ができました。天城山山頂付近でカワゴ平火山（３２００年前）が、また大室山の西側では矢筈山《やはずやま》（２７００年前）が形成されました。いずれも異なる性質のマグマに由来するため、火山地形は大分異なります。

カワゴ平火山は、火口地形とそこから流れ出る溶岩流（流紋岩）の地形が明瞭です。矢筈山は、大室山より急な斜面からなる溶岩（デイサイト〜安山岩）ドームからなり（図４・９）、雲仙普賢岳の１９９１年噴火を思い起こします。この時の噴火では普賢岳のてっぺんには恐竜の背中のようなギザギザとした溶岩ドームが現れました。また、10万年前の噴火でできた一碧湖《いっぺきこ》は、**マール**とよばれる、爆発によりできた火口湖です。おそらく地下水が豊富なところにマグマが上昇し、激しい爆発があって地表付近を吹き飛ばしたのでしょう。また、最新のものには、１９８９年に伊東市沖の海底噴火でできた手石海丘《ていしかいきゅう》があります。

いろいろな時代にさまざまな火山の地形をつくってきた東伊豆単成火山群は、大きな火山体をもたず、緩やかな地形が広がる地域に存在します。個々の単成火山は、それぞれ別荘地、住宅地、農地など人の生活の場に点在しています。顕著な噴気活動がないので人々の意識には上りにくいかもしれませんが、日常の風景にここまで火山地形が含まれている場所は、国内でもそれほどないでしょう。将来のある時、人々の住むこの地域のどこかで、突然噴火がはじまり、新たな火山ができることも充分に考えられます。北海道有珠山の昭和新山も、もともとは畑や集落が広がるところに成長した火山です。

溶岩流がつくる風景

火山がマグマのタイプに応じてさまざまな地形をつくり上げることを見てきました。なかでも溶岩流がつくる風景はもっともわかりやすいものです。火山に行く機会があれば是非溶岩流が流れた後の地形を見てください。火口に近づくのが難しくても、過去の噴火で流下した溶岩に近づき、その上を歩きまわるのにそれほど苦労はしません。国内では浅間山の１７８３年天明噴火（鬼押出し）、富士山の平安時代の貞観《じょうがん》噴火（青木ヶ原）、伊豆大島の１９８６年噴火、桜島の１９１４年大正噴火など、歴史時代に流れた例をいくらでもあげることができます。いずれも簡単にアクセスできます。これらの表面上を歩きまわると溶岩流独特のゴツゴツした奇怪な形が目に入ってくると思いますが、少し離れてみると溶岩流の高さ（溶岩流の厚さ）や侵入しつつある植物の様子など、いろいろと見どころがあります。

伊豆大島の１９８６年噴火では、火口から溢れた溶岩が三原山の斜面を駆け下りてカルデラ内の低まりにまで達しました。溶岩流のふちは、玄武岩質の流れやすい溶岩のため、4～5メートル程度の崖になっており、簡単に上がれます（図４・11）。

図4・11　伊豆大島1986年噴火で火口から溢れた溶岩。三原山外側のカルデラ内。

この溶岩流は**クリンカー**とよばれる岩塊に覆われます。図4・11の写真右上の溶岩流表面のシルエットがでこぼこしているのはこのためです。また溶岩流の表面には部分的ですがところどころ植物が見られます。ハチジョウイタドリやススキなど荒れ地に生える先駆植物です。

富士山麓の青木ヶ原は平安時代に流下した同様な玄武岩質の溶岩流ですが、こちらは千年以上の歳月が経過しているので文字どおり樹海です。

玄武岩質の溶岩流にはクリンカーに覆われる**アア溶岩**、表面が平滑な**パホイホイ溶岩**（いずれもハワイ語が起源）があります。伊豆大島の溶岩はアア溶岩、青木ヶ原の溶岩は両方のタイプを含みますがいずれにせよ流下時は高温ですし、冷却後も硬い岩に覆われています。とても植生の侵入を許すようには感じられないのですが、月日がたてば植生に覆われます。温暖で湿潤な日本の風景の基本をあらためて感じさせます。

3 火山噴火はでこぼこと風景を大きく変えてしまう

崩壊と再生を繰り返す成層火山

成層火山をつくる山体の行く末に待ち受ける運命は、いずれは崩壊してその形が大きく変化することです。富士山は一見どの角度から見てもそれほど大きな違いはありません。しかし成層火山の中には、山を眺める角度によって形が大きく変わるものがあります。

図4・12は、福島県会津の磐梯山の写真です。磐梯山は別名会津富士ともよばれている富士山型火山のひとつです。南麓の猪苗代湖湖岸から撮影した写真（上）では若干いびつですが、尖った山頂は富士山型火山の特徴を見せています。しかし、北麓の五色沼から撮影した写真（下）を見ると、富士山型火山とよぶことを躊躇するほど変形しています。山が大きく崩れ、あるべき山頂がなくなったようにも見えます。

これは1888年のできごとで瞬時にしてこのようになってしまったのです。このよう

図４・12　異なる方向から見た磐梯火山の地形。上の写真は南麓の猪苗代湖湖岸から撮影。下の写真は北麓の五色沼から撮影。

なできごとは以前、**磐梯型噴火**とよばれていました。といっても、磐梯山でしか発生しない特別なことが起きたわけではありません。どの火山でも起こりうる、ありふれたできごとです。

それは**水蒸気噴火**（多少はマグマも関係したともいわれていますが）で、噴火自体は小さかったのですが、いろいろ条件が重なったらしく、それにより火山体が崩落してしまったのです。爆発で噴き飛んだというよりも、亀裂が生じて支えを失った山体が崩れ落ちた、という表現のほうがよいかもしれません。

地形も一変させ風景を大きく変える山体崩壊

このような現象は「**山体崩壊**」とよばれます。山体崩壊は、磐梯山特有のことではなく、成層火山の宿命です。磐梯山では過去に何回も発生しています。規模の大小があり1888年の山体崩壊はとくに山の姿を激変させるほどのものだったわけで、この規模のクラスの山体崩壊は、磐梯山でも数万年に1回程度発生してきました。

山体崩壊は噴火だけでなく、地震の揺れにより発生することもあります。いずれにせよ、このような現象は成層火山の姿を短時間のうちに、すっかり変えさせてしまいます。

山体崩壊は火山体のみならず、崩れてきた土砂により麓の地形も一変させ、風景を大きく変えます。山体をつくっていた溶岩の巨大なブロックや火山灰などさまざまなものが一面に堆積し、周辺には荒廃した風景が広がります。しかし、間もなく先駆的な草本類が繁茂をはじめ、いずれ樹木も生育してきます。そして百年も経過すれば森林が復活します。崩壊した火山自体でもいずれまた噴火するたびに溶岩や火山灰などが噴出し、それら噴出物によって山体が修復し、本来の成層火山に復活します。富士山でも山体崩壊が２９００年前に起きたことを先に紹介しましたが、その時の崩壊の地形が残されていません。約２９００年間で修復したというのは少し早いような気がしますが、富士山が活発に噴火することにより、いち早く元どおりの姿に戻ったのでしょう。

磐梯山の山体崩壊の場合、崩れた先には山地が広がっていました。このため、崩壊した土砂は山地で止められ、谷を埋めてせき止めが生じました。それにより生じたのが桧原《ひばら》湖、小野川湖、秋元湖などです（図４・13）。ここでもせき止めによる湖ができました。

そうして流れ出てきた土砂の表面は、長い時間をかけて堆積する場合と違ってでこぼこしています。とくに凸部は、「**流れ山**」とよばれる古墳程度からもう少し大きい小山が無数に生じます。また凹部には水が溜まり池沼となります。磐梯山を代表する、美しい風景の

図4・13　磐梯山北麓の地形。（地理院地図を加工して作成）

代表格である五色沼（図4・12下）の成因は、まさしくここにあったのです。

流れ山が語る各地の成層火山の崩壊

山体崩壊により生ずる流れ山の地形は、磐梯山の五色沼周辺のように各地火山の特徴的な風景となっています。**流れ山**というのは、かつての火山の一部をつくっていたもので、溶岩の大きなかけらなどからなります。崩れる場所は人里から離れた山頂付近でも、崩壊して流れてきた土砂は麓に達するわけですから、人里周辺の身近にある地形です。昔から人々はその存在に気づいていたようで、流れ山は「塚」とよばれることも多いのです。塚には墓の意味もありますから、人々はその悲惨な光景を想像して胸に刻み、そのように思われてきたのかもしれません。

２９００年前の富士山の崩壊では、東麓の現在の御殿場市側に流れていきました。富士山崩壊により崩れてきたものは、地質学の分野では御殿場岩屑なだれ堆積物とよばれて、東麓には多数の流れ山が存在します。それらの中には、「一木塚」「便船塚」などという地名に残っている場所もあります。東北地方の鳥海山でも、２５００年前に山体崩壊が発生して、北西方向に象潟岩屑流《きさかたがんせつりゅう》として流下しました。その時は浅い潟湖《せきこ》（ラグーン）に流れ込んだので流れ山（図４・14）は多数の島となりました。

九十九島も山体崩壊が生んだ地形

現在、付近は九十九島《くじゅうくしま》とよばれています。昔はポコポコと島が点在する多島海の趣を示す風景が展開していました。松尾芭蕉が奥の細道の旅で訪れた頃には、そんな風景だったはずです。しかし、江戸時代１８０４年の象潟地震で周囲が隆起し、陸地になってしま

図4・14　秋田県、象潟の流れ山地形。
2500年前の山体崩壊で海域に流入したが江戸時代の地震時に周囲が隆起したため、現在は陸上にある。

ったのが現在の象潟の姿です。鳥海山の山体崩壊の痕跡は、現在でも山頂付近に残されており、その形から**馬《ば》蹄形《ていけい》カルデラ**とよばれています（図4・15）。**陥没カルデラ**とは異なり、崩壊に方向性があるのでカルデラの壁が続かず、途中切れているので馬の蹄《ひづめ》のような形になります。九十九島という地名は、全国各地にあります。そのうちには、山体崩壊の跡とみられるものもいくつかあります。

長崎県島原半島の東側、島原港の近くにある九十九島《つくもじま》も、同じく山体崩壊の結果できた地形です。島原半

図４・15　象潟の流れ山地形とその崩壊源の鳥海山。（Google Earthによる）

島の中央部には、雲仙火山があります。１９９１年に火砕流による火山災害が発生し、２０１４年の御嶽火山噴火が発生するまでの間、戦後最悪の火山災害（犠牲者43名）の記録をもっていた火山です。この火山では、１７９２年に「**島原大変肥後迷惑**」として知られる眉山（普賢岳の東）の山体崩壊が起きました。雲仙普賢岳北東側から溶岩を流出させる噴火でしたが、地震も発生し山体崩壊を引き起こしました。その際に崩壊土砂は有明海に流れ込み、津波を発生させ、対岸の肥後（熊本県側）に達しました。全体で犠牲者1万5000名となる日本史上最悪の火山災害として記録に残るものです。このとき土砂は海域に流れ込んだので、流れ山は多数の島として残されることになったものです。

現役火山に負けない元火山の地形

火山最後の話題では、かつては火山でしたが今は火山でない山を紹介します。日本各地には○○富士とよばれる山がありますが、そのひとつに讃岐富士（飯野山）があります（図4・16）。香川県の讃岐平野の中にぽこんと飛び出た山で、いかにも讃岐の富士山らしく見えます。

麓からの高さが400メートルなので、それほど高くありませんが、形からは正真正銘の火山のように見えます。しかしこれは火山ではありません。活火山でなければ第四紀火山でもありません。ただ少しややこしいことに、この山の上半分以上は安山岩という新第三紀の火山岩からできています。火山岩からできているならば火山じゃないか、という声が聞こえてきそうですが、やはり火山とよぶわけにはいかないのです。単に火山岩からなる山ということです。

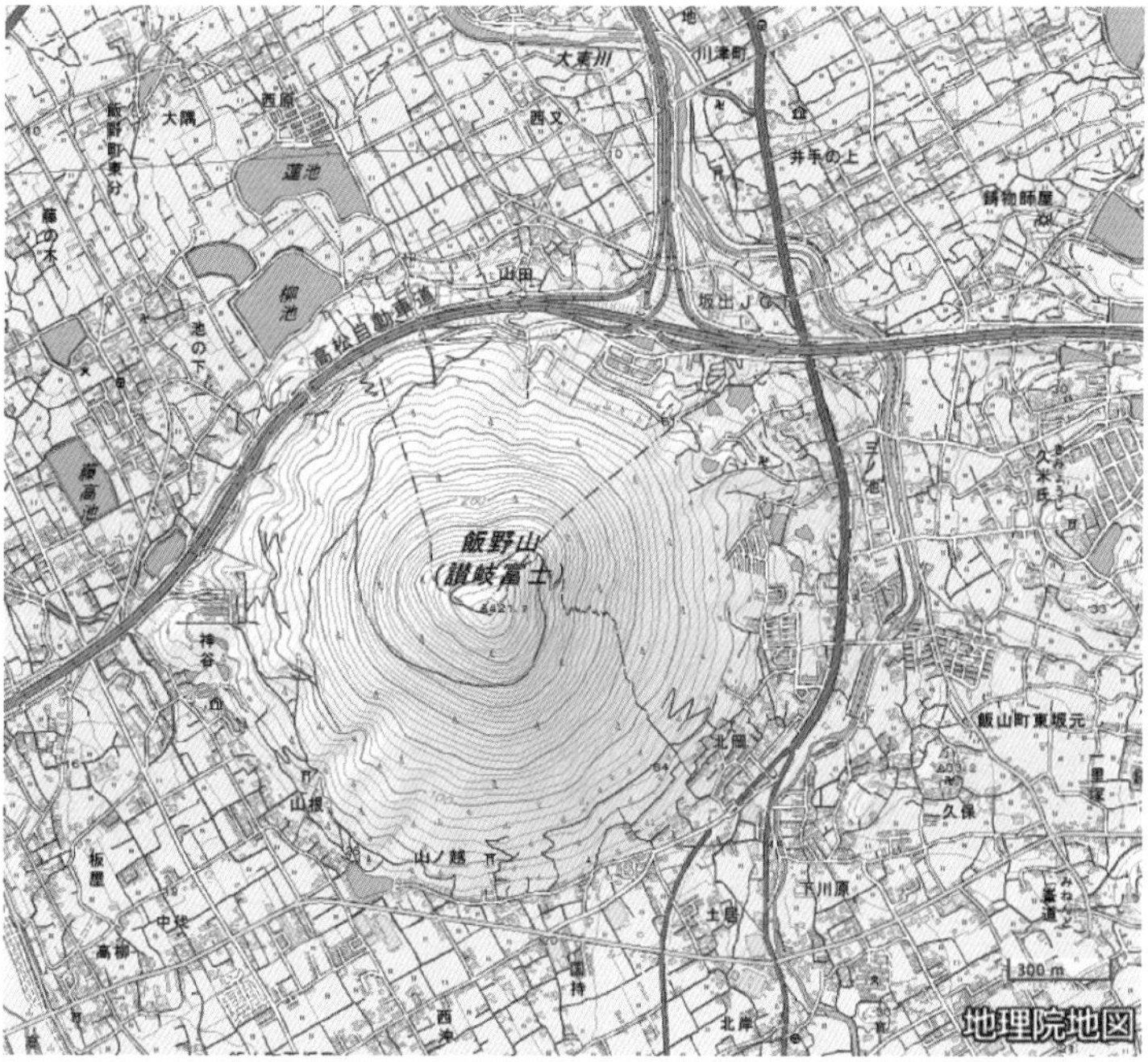

図４・16　火山に見える非火山　香川県讃岐平野、讃岐富士（飯野山）。（上は地理院地図による）

図4・17　香川県高松市、屋島の地形。

讃岐富士の北東25キロメートルには、高松の街を見下ろす屋島があります。300メートル近くある急崖に囲まれた大きな台地状の地形が特徴です。

一見すると讃岐富士と形は異なりますが、軟らかい地質の上に硬い溶岩が乗っている点では同じです。しかも、ともに1300万年前～1500万年前の火山活動による**瀬戸内火山岩類**に属します。これら溶岩の硬い部分が、浸食から残されて台地状の地形を残している部分が屋島(図4・17)で、このような地形を**メサ**とよびます。メサとは溶岩流原などが浸食により卓状になった地形に対して用いられる言葉です。より浸食が進み、讃岐富士のように局所的に高まりが孤立した地形は**ビュート**とよばれています。アメリカの西部劇に出てくるような地形ですが、軟らかい地層の上に溶岩のような硬い岩石があるとできる地形です。現役の火山は雄大で迫力のある地形を見せますが、活動をやめて火山とよばれずに火山岩とされていても、味のある地形と風景を残しています。

第5章
谷を流れ凹地を満たす水がつくりだした風景

Enjoy Landscape
Tales from Topographic Lands
in the Japanese Islands

1 掘削し運搬し堆積して……日本の平野は水がつくった

高きから低きに流れる水と地表の凹凸

地球は、水の存在を特徴とする惑星です。宇宙から眺めてみると、むしろ「水球」とよぶほうがふさわしいと思えるほど、地球は水で覆われています。地上に降りてみると、その姿は川として、池沼として、湖として、そして海として、われわれの前に大きな風景として存在しています。日本列島ではこの水が豊富で、その存在自体が四季折々にさまざまな風情のある風景を展開してくれています。

見方をちょっと変えると、その水はまた、列島のさまざまなでこぼこを生成する主要因のひとつであることに気がつきます。つまり、水はその存在自体で水のある風景をつくるとともに、列島の隅から隅まで、水によってつくられた、たくさんのでこぼこ風景をつくり残してきたといえるのです。

地球の陸地がでこぼこの凸の部分だとすると、海洋がでこぼこの凹の部分であり、そこはいっぱいの水で満たされています。この海水が太陽に温められて蒸発して雲をつくり、雨や雪となって再び降り注ぐという、大気圏で絶え間なく繰り返されている水が循環する環境の中に、人類をはじめとするあらゆる生物は包み込まれ、存在できているといえましょう。

水は地表に降り注ぐと、常に高きから低きに流れます。このときに陸地では高いところを水が削り取って低いところに運び流し込むという一連の作用を必ず伴っています。その規模は、ときに山崩れや大洪水のような大災害となったり、一瞬にして地形を変えてしまうようなものもあるし、目にはほとんど見えないようでも、小は小なりに継続的な絶え間ない変化を地表に刻んでいたりします。また、それは今現在に起こっていることでもあるし、過去を遡ること遙か大昔に起こったことでもあります。

水は強い勢いで　流れるときには斜面の土砂を削り取りながら、それをより低いほうに運んでいき、流れが弱く緩やかになるところで運んできた土砂を落としていきます。落とされた土砂はそこに積み重なったり、またさらにゆっくり先へと流されたりします。

掘削し、運搬し、堆積する……このようにして、水は積極的に地表の凹凸をつくる、非常に重要な働きをしているのです。

一方で、水は地表の凸凹にしたがって存在し、凹んだところにだけまとまっていき、それが湖や池沼となります。「水は方円の器に随《したが》う」といいますが、日本列島をひとつの器だと考えると、水の存在は常に地面の凹凸にしたがっています。低地を潤し、凹みを満たし、低いほうへ低いほうへと水が流れる通路は川となります。また凹んだところに溜まっていても、さらに低く凹んだところがあらわれると、そちらに向かって流れ出します。最終的にそれ以上流れ出すような、より低い場所が陸地上になくなると、最後の大きな凹みに達します。それが海です。

水はまず山を叩き渓谷を削る

そもそもの山のでき方は、噴火でできる火山を除いては、ある地域の土地が隆起することにより形成されます。大規模な地殻変動によって、大地と大地がぶつかり合ったりするなどの要因で盛り上がって山はできました。

しかし、その原初の山がどんなものだったのかは、われわれは見ることができません。もし地球上に大気がなく、雨となる水が存在しなかったとすれば、そのとき隆起した山は、形を変えずほとんど最初の隆起したときから不動のままで、ずっとその姿を保ち見せていたかもしれません。しかし、地球上には雨や大気があります。水は海で蒸発して雲となり、そのあと雨となり地上に降り注ぎます。

　現在見ることができ眺められる山々の風景は、その後の長い長い間に雨や雪となって降り注ぐ水（そしてときには風も）によって、かなり大きく変貌した後の姿であり、その変貌は今現在も続いて進行中です。

図５・１　屋久島千尋の滝とＶ字谷。

　地表に達した雨は、山を叩きながら流れ落ちていきます。このとき山の斜面を削り取り、谷をつくりながら流れていきます（図５・１）。川のはじまりです。

険しい山の頂や尾根や岩や崖は、削り残されたところです。

削られた土砂は、水によっていく筋もの流れが谷を刻み、また新たな尾根をつくりながら、より下流へと運ばれていきます。流れは深い谷をつくり、渓谷とよばれるようになり、V字型に刻み込むと同時に水流の左右両側に急傾斜の尾根を残すという、独特の景観を生み出しますが、これも水の仕事のひとつです。

山の斜面を移動する際に地表を削り取るのは、浸食とよばれる働きです。「侵食」と書く場合もありますが、水によって削られるので「浸食」と書くほうがイメージしやすいかもしれません。地理や地学関連の教科書では「侵食」が使われますが、どちらが正しいということはありません。本書では「浸食」を採用しています。

雨だけでなく、雪も雪解け水となって谷を削りますし、寒冷地では流水の代わりに氷河が山を削ることもあります。日本列島には今ではこれというような大規模な氷河はありませんが、かつては立派な氷河もあって、それが刻んだ圏谷（カール）という谷の地形も残されています。

日本の平野は水がつくった

山の斜面を削る川は、下るにつれていくつもの別の流れと合流し、水量を増しつつより大きな川となって流れます。

川は上流で山を削るだけでなく、削りかすとなる土砂を運び、下流部や海に届けますが、川が土砂を運ぶ力は、水量や川の勾配に関係します。通常、川の勾配は上流ほど急なので、そこでは流水の量が少なくても運搬力があります。大きな岩でも、ごろごろ転がして運んでいきます。しかし、山から下って平坦部にさしかかると勾配が小さくなり、大きな岩やたくさんの土砂を運びきれなくなり、粒の大きなもの（レキとよばれる石）は、勾配が緩くなる付近の川原や川沿いに残され、運搬されやすい細かな砂や泥だけが水とともにさらに下流に押し流されることになります。

運びきれなくなった土砂は、そこに積み重なり溜まりはじめます。「**堆積**」という働きです。こうして運ばれた土砂が、堆積することにより日本の平野をつくり上げてきました。山が高く水が豊富な日本では浸食が盛んです。堆積によりつくられた日本の平野は、日本の風景の根幹をなす山と川と密接に関係し合っています。

平野とよばれる平坦地のほとんどは、そこを流れる川が運んできた土砂でできあがった、といっても間違いではありません。川は1本だけでなく枝分かれしたたくさんの支流や、何本かの別の川が同じ働きをしています。日本の平野は川とは切り離すことができず、広大な平野であるほど大河川が関係します。流域面積日本最大の利根川は日本最大の関東平野、長さ最大の信濃川には越後平野、木曽三川《きそさんせん》とよばれる木曽川、長良川、揖斐《いび》川の3つの大河川は濃尾平野をつくり上げました。

日本の平野の形成には、堆積が深く関わり、それを促したのは川や海で、すなわち水が大きく関係していますが、こうした特徴は、地面の様子に表れています。日本の平野部の地表付近は、レキか砂か泥、あるいは空から降った火山灰を多く含む地層からなっており、地質としては軟らかい部類になります。レキ自体は硬い石ですが、それが堆積した地層も含めてスコップなどでつつけば、ボロボロと崩れてしまうほど軟らかいのです。それも水の働きによる堆積によってできている日本の平野の特徴で、これは世界中どこでも同じわけではありません。

前に第2章でも触れたように、同じ平野でもニューヨークのセントラルパークの地面を特徴づけるものは硬い岩石でした。しかも、それは寒冷期に発達した大陸氷河で削られたもので、周囲の平野は氷河の浸食によるものでした。世界の平野には、日本のように堆積が理由で形成されたものだけではなく、浸食が大きな要因になって形成された地形もあるわけです。

坂のない低地を主体とする平野

日本の平野を見てみるといくつかの部品からなっています。それらは、**低地**、**台地**、**丘陵**です。

でこぼこをあまり意識することがない平野は、低地がとくに広がっている場合でしょう。低地にはほとんど起伏がありません。顕著な坂もありません。**自然堤防**や**後背湿地**《こうはいしっち》などとよばれる微細な地形が低地にありますが、それらの境界では坂とはよびにくいほどの、極めて緩やかな斜面があるにすぎません。日本の平野では、いちばん大きな関東平野でその低地を見てみましょう。

ほぼ連続的に低地が続く区間を走る鉄道路線で、比較的長いのは、東京の浅草駅（東武伊勢崎線）から北へ、東武日光線の板倉東洋大前駅を少し過ぎるあたりまでの約67キロメートルの区間でしょう。このあたりの標高は、約15メートルです（図５・２）。

浅草駅付近を海岸とみなして単純に考えれば、海岸から１０００メートル内陸に移動しても、20センチメートルちょっとしか高度は上がらず、ほとんど水平ということになりま

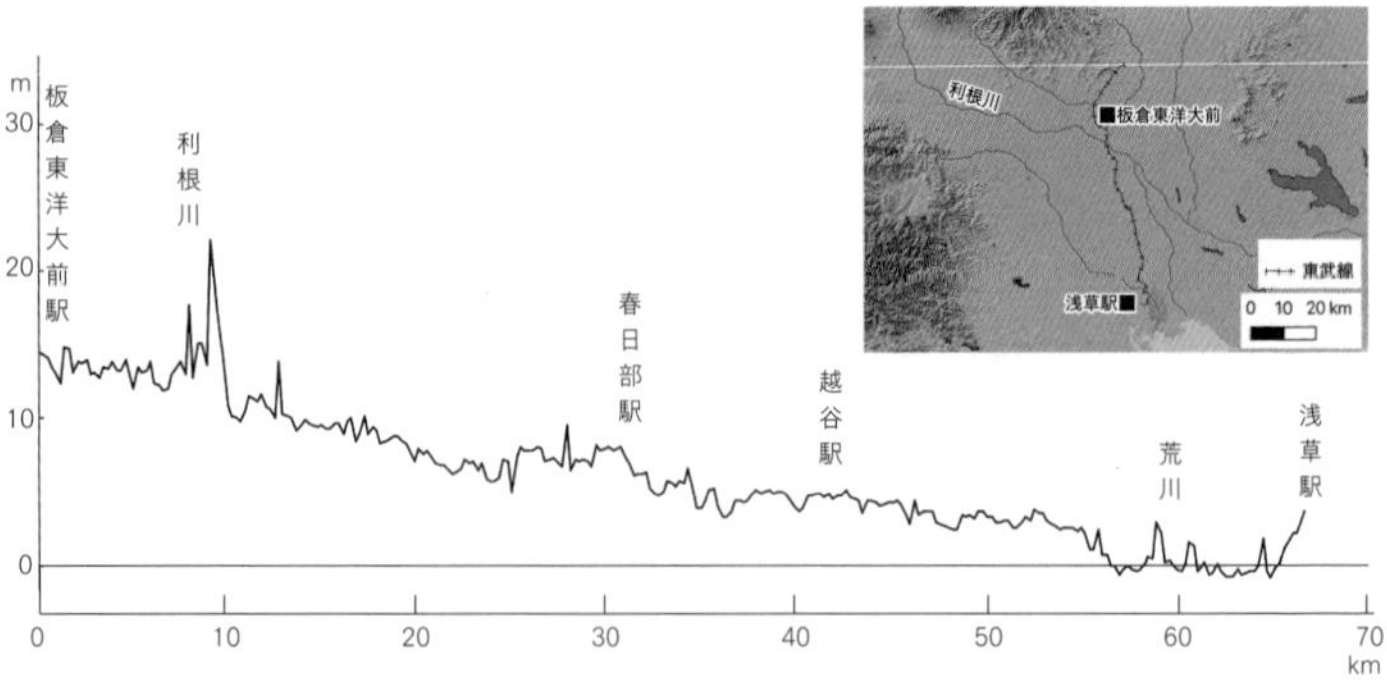

図5・2　東武鉄道板倉東洋大前駅～浅草駅間の地形断面。（右上は地理院地図による）

す。それどころか荒川をわたる前後では標高がマイナスのところもあります。そこは**ゼロメートル地帯**とよばれ、かつての地下水の過剰な汲み上げで地盤沈下が生じてしまったところです。

このルートは関東平野の中央部を南北に縦断するものであり、この間、ほとんど利根川（一部、渡良瀬川）が上流から運んだ砂と泥からなる堆積の地形です。この沿線に住んでいる人は、住居のまわりに坂道がほとんどないことに気づいていることでしょう。つまり坂もないほど地面にでこぼこがない低地、というわけです。

このような低地を主体とする平野としては、石狩平野、津軽平野、越後平野、濃尾平野など、関東平野についで広い平野があります。このうち越後平野では、信濃川に沿っては河口から直線距離で70キロメートル付近まで広い低地が川を囲んで広がります。これらの平野は、低地とその広さを反映して水田地帯で稲作が盛んな地域です。低地では、水は緩やかに広範囲にわたって、田畑を潤しています。

低地を象徴する田の風景

水を伴う風景の中で、日本人にとってもっとも身近でなじみのある風景は田（水田）のそれではないでしょうか。多数の人が市街地に集まって住む現在では、昔ほど多くの人の身近には感じられなくなっているのかもしれません。しかし、列車やバスで少し走るとすぐに、そこに田はあります。あるいは飛行機の窓から見える風景も、山以外ではまず田の風景が飛び込んできます。

一方で、実際に田んぼの中を歩き田の畦に立ち、その吹き抜ける風を五感で感じたことのない人は、意外と多いのかもしれません。

雨が山を叩いて斜面を削り、谷川を刻んで流れてきた川の水の一部は、人工的にせき止められたり流れを変えられたりして、農業用水として引き込まれ活用されます。自然の川の流れとは別に、灌漑用につくられた水路が網の目のように張りめぐらされ、平野の低地の田に引かれています。

現在の地形図では、田の記号は、短くて青い2本の縦の平行線で表現されています。畑はvの字のような記号で表現されています。これらの記号は小学生の社会科の教科書でも出ており、地図でまず水田や田畑に接する子どもたちも多いことでしょう。

1950年代中頃までは、現在の田に相当する記号は3種類、すなわち**乾田**、**水田**、**沼《ぬま》田《た》**からなっていました。この区分は、冬に水がないかあるかで乾田・水田に区分され、また泥が深いと沼田とされていました。田に種類があり、わざわざその区別を地形図上に示していたということは、その当時の日本人にとっては、現在以上に田に注意深く意識がはらわれていたことを示唆しています。また、地形の凹凸を利用した田づくりが地形的な条件を反映し、その種類が多様であったことがうかがい知れます。

図5・3は、千葉県野田市とその西縁を流れる江戸川付近の地形図で、1956年発行の「野田」図幅です。

真ん中を流れるのは江戸川で、西側は埼玉県。A付近には開けた田んぼが広がり、その種類は乾田として示されています。これに対して、対岸の野田市中野台のBの文字がある付近の田は、水田(乾田の記号に横線が1本加わる)です。その続きは、江戸川沿いを経

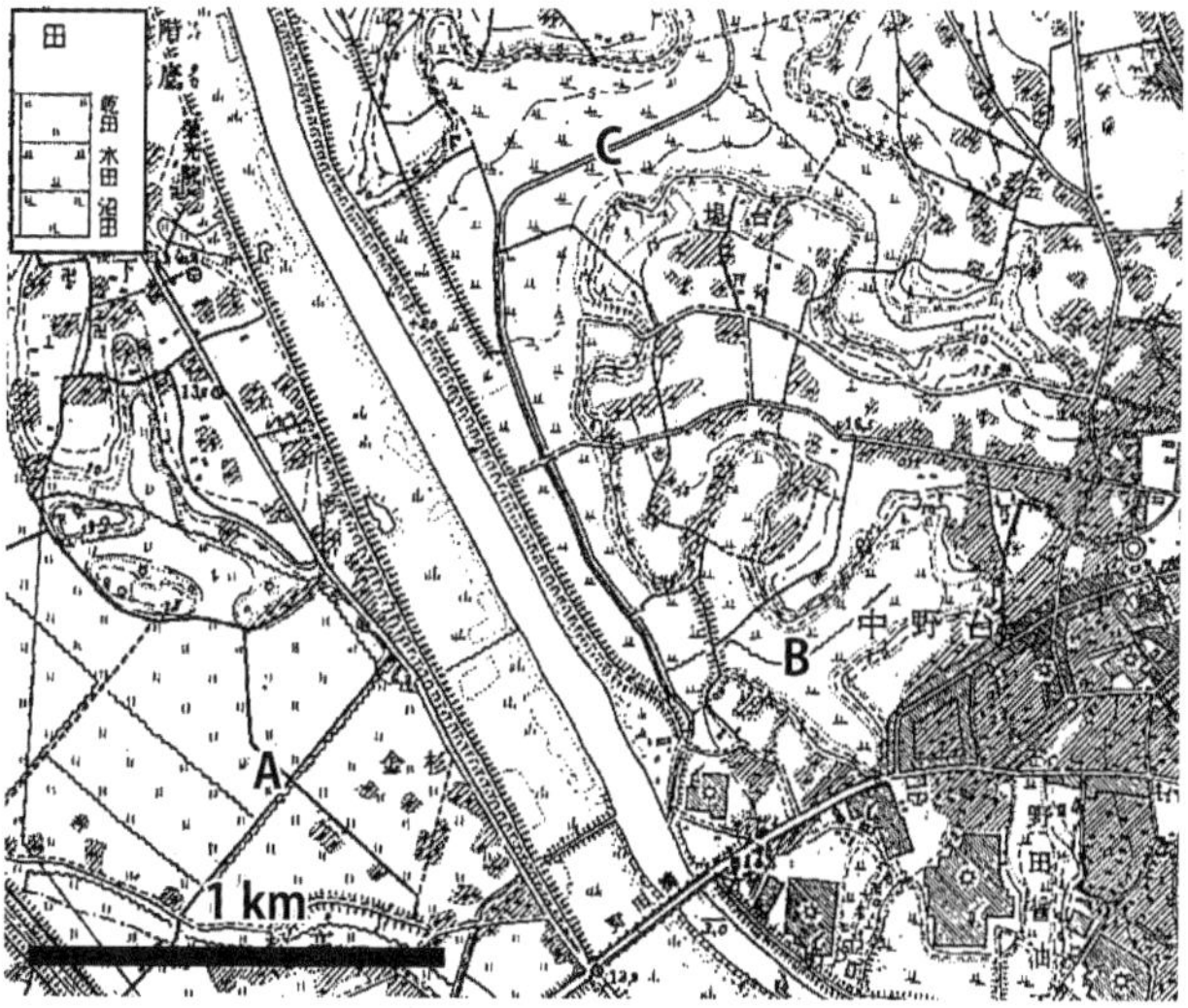

図5・3　3つの田んぼの種類。（国土地理院による1956年発行の2万5千分の1地形図「野田」図幅）

てC付近まで続いており、このあたりでは沼田（横に2本線）に変化します。このように、狭い範囲に3種の田が区別して表示してあります。

BとCの田は、台地を刻む谷底に広がり、周囲を20メートル以下の崖に囲まれています。このような台地や丘陵を刻む谷は、**谷津**《やつ》とか**谷戸**《やと》とかよばれ、そこに広がる田は**谷津田**とよばれてきました。周囲の崖からは湧水があるため、冬でも水がある水田となり、さらには水はけが悪くて沼田になっていたのかもしれません。

図5・4　圃場整備がなされ乾いた田の風景。埼玉県川島町鳥羽井新田付近、2017年5月撮影。

これに対してA付近は開けており、田が連続的に広がります。関東平野や濃尾平野、越後平野など低地が広がる地域に、大規模に広がる田の風景です。地形図で見ると、付近では道や水路が直線的で人工的な形をしているようです。このような場所では、田は早くから圃場《ほじょう》整備が進んで水の管理が行き届き、冬季は水が落とされて乾田となっている場所が多いようです（図5・4）。

また、谷津田は、田の形が谷底の形に制約させられるために必ずしも幾何学的な形になり得ません。

畦に囲まれた1枚の田の面積も、小

さくなる傾向にあります。ちなみに第3章で述べた地すべり地にある棚田は、さらに地形に規制されて等高線と同じ形の畦道を伴います。

平らな平野の中の低地の多くを占めている田は、日本全国どこでもだいたい同じような風景を、非常に広く、大きく展開しています。主食であるコメを育て収穫する田の風景は、日本人にとって格別になじみ深いものです。

2 流れる川がつくりだす地形・風景

扇状地——山から流れ出た川が最初につくる地形が扇状地

山の狭い谷間を下ってきた川が山から抜けると、急に解放されたような状態になることがあります。すると、川は水とともに運んできた土砂を幅広い範囲に押し流すことになります。高きから低きに流れ、勾配に沿って半円形のような緩傾斜地を広く形成するようになるのです。

これが、文字どおり扇のように広がる**扇状地**とよばれる地形です。このような地形は、山地周辺の平野に発達していて、数えきれないほどほどたくさんあり、規模にも大小さまざまあります。それらは、とくに地図上に扇状地という名前が表記されているわけではありませんが、日本中の扇状地を地形図で確かめると、比較的内陸部の盆地にあることが多く、直接扇の先端が海岸線に達している例はそれほど多くありません。

ここではそのうちのひとつの例として、黒部川扇状地をとりあげて眺めてみましょう。北東に大きく伸びた能登半島に抱えられている富山湾の東の端を見ると、そこには黒部川の河口があり、その周辺は丸くせり出しているのがわかります。黒部川も日本で有数の急流で、高い飛騨山脈（北アルプス）の中を数多くの谷と尾根を刻んで流れてきました。

その黒部川と並んで走る富山地方鉄道の宇奈月温泉駅からは、北へ約６キロほどの下流の愛本橋付近で、川は深い渓谷から急に開放されて平地に出ます。ちょうど両側から山が迫って、川筋が細く絞られるようになった地点では、標高は１３０メートルくらいありますが、河口に近い下黒部橋付近の標高は３メートルと、大きく広く緩やかな傾斜地をつくっています。

これもまた、水の働きによるものですが、この標高差から想像できるのは、黒部川が狭い渓谷から解き放たれて、何本もの水流が土砂を勢いよく吐き出し、その土砂が出たところでは高く堆積し、それがだんだん堆積層が薄くなっていきながらも、広い半円形の範囲に広がってきたという扇状地の形成過程です。

このような扇状地は、およそいつくらいの時代に、どのくらいの年月を要してできあがった風景なのでしょうか。付近に数万年前の古い扇状地が台地となってあるので、おそらく現在見られる主たる扇状地は1万年くらい前からつくられてきたのでしょう。
扇状地は、景勝・奇観というわけでもないので、風景として意識し眺められることも少なく、でこぼことしてもさほど目立つ存在とはいえず、この黒部川扇状地のように富山湾に面した平野の一部として、傾斜のある平野という認識がされているくらいでしょう。それは、他の地域の扇状地でもほぼ同じなのでしょう。

山に近い平野の川・網の目状に流れる河川

山を離れて平野に流れ出た川沿いでは、しばらく大小さまざまなレキが河原に見られます。山地周辺の平野に発達している扇状地に溜まる土砂には、大きいものでは人が運ぶことができないような巨大なレキから、こぶし大程度かそれ以下のものなどが入り混じっています。扇状地では、こうした大きめのレキなどもいっしょに堆積していくため、その傾斜地では水はけがよく、しばしば伏流水となって水が地中を流れていき、下流に溢れ出すといった現象も起きます。黒部川扇状地でも、黒部市の生地《いくじ》地区などでは湧水が多く見られます。

レキ（礫）というのは、いわゆる石ころのことですが、専門的には直径が2ミリメートル以上のものをそうよびます。２ミリメートルというところで境界線を引いたのは、それに満たないものは砂として区別するためです。大きいほうはというと、専門分野によって異なりますが、堆積学では直径が２５６ミリメートルより大きいものは**巨礫**としています。

巨礫にあたるような大きな石も、川の上流部では目立っていますが、それより下ってくるとより小さなレキが散らばる広い河川敷（河原）がこの区間の川の特徴になります。

このような河原では、川が波打つように流れる瀬と、水が深く澱《よど》むところの淵ができます。日本の河川で日常的に見ることのできる風景です。その特徴は、レキが散らばる広い河川敷と、その幅が広い割に限られた幅の川が瀬と淵を交互に繰り返すことです。

また、水の流れが河川敷の中で何度も分かれては再び合流し、中州が発達していきます。その様子を空から見ると、まるで網の目のようなので**網状《もうじょう》河川《かせん》**とよばれており、日本の多くの川幅のある河川で目にすることができます。扇状地をつくった黒部川でも同様で、河川敷では水が流れる川と、その側で砂州の中州が複雑に入り混じる光景を見ることができます。

図５・５は天竜川下流部の空中写真です。東名高速道路の橋がかかる付近で、網状河川

図5・5　天竜川下流部の網状河川、東名高速道路付近。(地理院地図による)

の様子がよく見えます。網状河川のでこぼこは、次に降ってくる大雨などで水量が増すと、その後でまた流れや中州の形を変化させていきます。

ところで、このような河川では、河原の幅が異常に広い割に、実際に水のある本当の川幅がかなり狭い、と感じる人も多いことでしょう。橋の長さが1キロメートル程度もあるのに、川幅自体は数十メートル程度しかない場合もめずらしくありません。図5・5の天竜川の場合も、1キロメートルある河川敷に対して川幅は半分以下です。

じつはこの不釣り合いこそが、日

図5・6　多摩川（東京都昭島市拝島付近）の河川敷。

本の川の重要な特徴なのです。このような河川では、大雨が降って水の流れが増えると、河川敷いっぱいに水が流れます。堤防に挟まれた河川敷では川が縦横無尽に流れ、大雨が降り、水量が増えるたびに網の目の形が変化します。このことを考慮しないで平常時の川幅に合わせて堤防を狭めて河川敷を限定させてしまうと、大雨時に水を流す場所が確保できず、簡単に決壊して大水害となります。一見無駄にみえる河川敷も遊水池として大きく役立っているのです。

実際の河原の風景からも、以上のことが読みとれます。図５・６は東京の郊外を流れる多摩川の河川敷です。網状河川を特徴づけるレキが堆積するわきには、幅の狭い川が流れています。レキの部分には植物が見られません。年に何回も大雨時に水が流れるので、植物が生育することができないのでしょう。

しかしその周辺の少し高いところでは、ススキなどの草本が生育しています。さらに高いところには背の低い木々も見られます。水位の変動により植生の発達程度も異なります。河川敷の風景から日本の河川事情、すなわち平常時には水位は低く安定しているものの、大雨時には水位が高くなり川幅に大きな変化があることが読みとれます。専門的にいえば、流量が大きく変化することが、日本の川の風景を眺める原点となります。

海に近い平野を蛇行する川

川を下流に辿ると、土砂の大きさは徐々に小さくなり、まもなくレキが突然姿を消し、砂や泥ばかりが目立つようになります。この頃になると網の目状の水の流れは姿を消し、川はとうとうと流れ水深もあります。この区間の川の流れを上空から見ると、曲線からなり蛇行しています（図5・7）。このため**曲流河川**とか**蛇行河川**とよばれています。

蛇行の様子は地上にいて眺めてもわかりにくいのですが、地図で見ればわかりやすく、川の地形としてもっとも目をひくもののひとつです。このような曲流河川の区間は、**自然堤防帯**とよばれています。曲流河川の区間では、自然に流れがつくった堤防が発達するの

図5・7　埼玉県南部、大落古利根川（おおおとしふるとねがわ）に見られる曲流河川。地図の東西幅は約6km。（地理院地図による）

でこのようによばれていますが、この自然堤防という言葉はかなりのくせ者です。

　堤防といえば、通常は洪水を防ぐために、人が築造したものを思い浮かべます。天竜川の事例（図5・5）でも、田畑や建物が広がる場所と河川敷を隔てる堤として堤防が両岸に続いていました。サイクリングコースやジョギングコースとしても親しまれている堤防は、水害を防ぐ要の人工的な地形です。

　これに対して、自然堤防とはいったい何なのでしょうか？

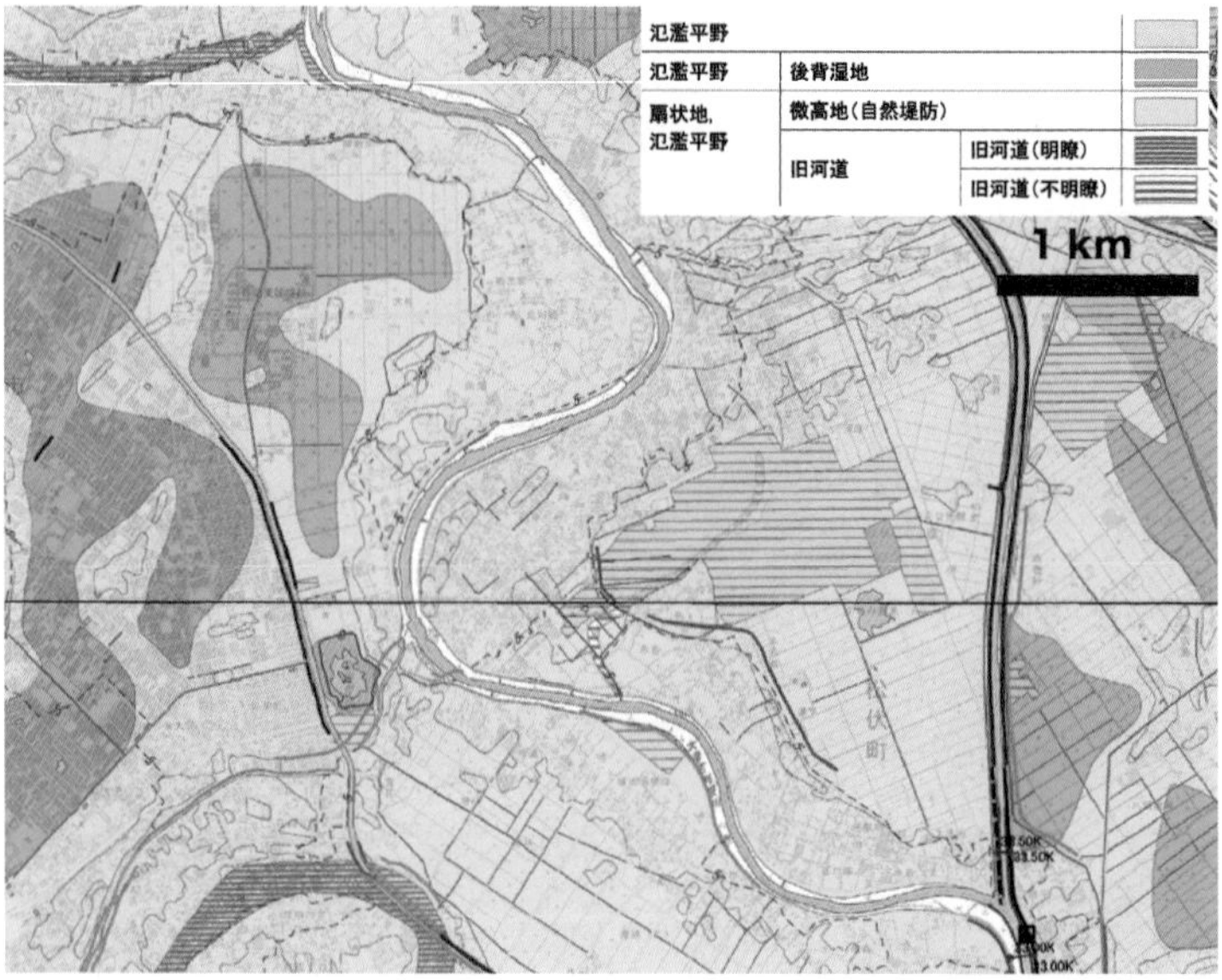

図5・8　埼玉県南部大落古利根川付近の治水地形分類図。（地理院地図による）

人工的であるはずの堤防に、自然という相反する言葉がついていますが、自然堤防は人と関係なく、流れる川がつくりだす自然の地形です。

図5・8は図5・7の範囲で作成された、国土地理院発行の**治水地形分類図**です。低地では微妙な高低差、すなわち地表の凹凸が水害の規模を大きく左右するので、詳細に地形を区分した治水地形分類図（2010年代を中心に更新版が整備）が、日本各地の平野で作成されています

(https://www.gsi.go.jp/bousaichiri/fc_index.html)。低地に住まわれている方には、是非一度見てもらいたい図です。

治水地形分類図では、自然堤防という語は括弧で示され微高地という語が主として使用されていますが、図5・8で黄色く着色されている微高地はほぼ自然堤防と解釈できます。この図では、蛇行する大落古利根川《おおおとしふるとねがわ》に沿って自然堤防が発達しています。川から幅200～800メートルくらいにかけて、うねるように広がる古い集落と畑が広がる地帯が自然堤防です。

じつは、自然堤防はそれだけではわかりにくく、対となる地形で川の反対側に広がる**後背湿地**との比較でようやく認識できる、微かな地形です。後背湿地の部分は若干周囲に比べて低い（数メートル程度の違い）ので田が広がりますが、自然堤防の付近は少し高く、水はけがよいので集落と畑が広がっています。網状河川と同様に、曲流河川でも大雨により水位が高くなり、通常の川から水が溢れます。その際、周囲に水が溢れるときに川に近いところで川の水に含まれている砂が堆積し、残りの泥を含んだ水が後背湿地に流れ込みます。このため、川沿いに少し高い堆積の地形ができあがり、川から離れたところに泥が薄く溜まります。これが自然堤防帯の地形の成り立ちで、低地が広がる水田地帯での水田

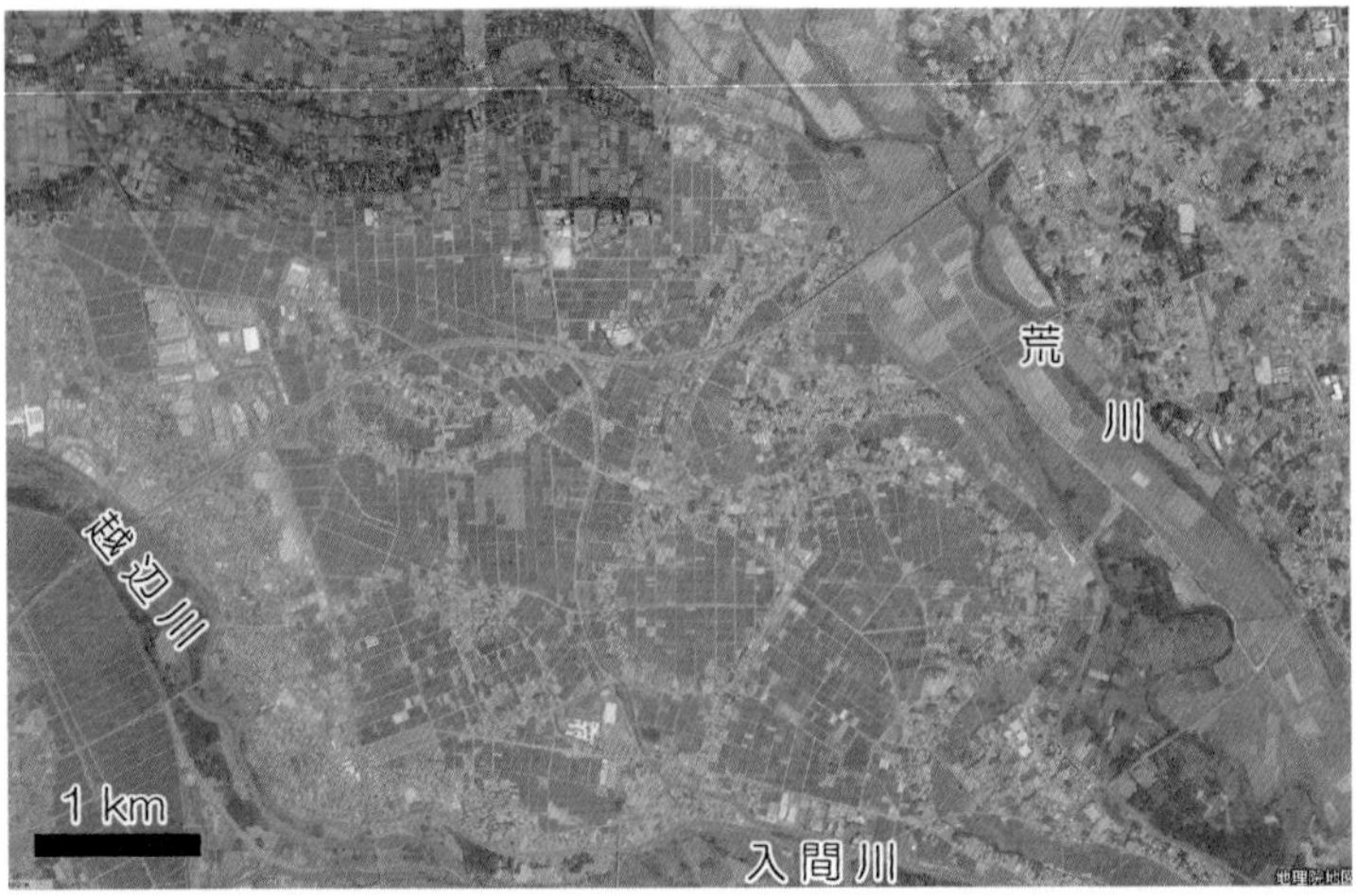

図5・9　埼玉県川島町付近の空中写真。（地理院地図による）

と集落からなる風景の基本をなしています。

自然堤防の地形は、現在の川沿いだけにあるものではありません。曲流河川は自然の状態では絶えず形を変え、また流れる位置も変わります。図5・9はそのわかりやすい事例で、埼玉県川島町付近の空中写真です。

荒川とその支流の越辺《おっぺ》川、入間《いるま》川に挟まれた典型的な自然堤防帯です。人家が集まる集落がうねうねと連なり、多くのところで過去の曲流河川と並行になっています。水はけのよい土地で人々が集落を成立させたと考えられますが、結果的にかつて流れていた蛇行河川が形成した自然堤防の位置がよく示されているようです。自然堤防は、凹凸としては大変に小さいものですが、低地の中で人と自然が織りなす興味深い風景をつくりだしています。

海に達した川の河口付近に発達する三角州

川は河口に達し、海に流入します。ここまで流れてくる区間で、川は土砂を堆積させ平野をつくってきましたが、土砂の一部は海にも達します。それは河口から近くの沖合まで、海底に積もります。河川による河口や海底への土砂の堆積は、平時にも目にはわからないほど積み重ねられていますが、大雨が降り川の流量が増大したときには、とくに顕著に堆積が進みます。

図５・10の写真は、ある3月の朝に羽田空港付近を飛行する旅客機から撮影した、多摩川河口付近の様子です。よく見ると多摩川から空港沖合にかけての水の色が白っぽく濁っており、東京湾の海水と様子が異なります。濁った水は泥を含んでいます。前日に多摩川上流の八王子市付近で、50ミリメートル近くの降雨があり、通常よりも川の流量が増し、多くの物質を運搬したことを反映しているためです。

このようにして、河口のすぐ沖合まで運ばれた泥・砂は、海底に積み重なって溜まりま

図5・10　大雨後の多摩川河口付近。旅客機より2003年3月8日撮影。

す。このようなことが何度も繰り返されて、海は徐々に積み重ねられる土砂により埋め立てられ、新たな陸地が形成されます。河口付近に、そのようにして発達する陸地は、**三角州**とよばれています。

三角州も大規模なもの小規模なものがありますが、大阪や名古屋、福岡や徳島などもそうだとされていて、いずれも海沿いに広い市街地を形成しています。なかでも典型的でわかりやすくて有名なのは、広島市の中心部でしょう。ここでは太田川という中国山地を流れ下ってきた川が、山地を抜けて瀬戸内海に面したところでいく筋もの支流をつくって広がりながら、湾内に土砂を堆積してきました。

それが徐々に、陸地化し乾燥化して街になってきたのです。

砂州が三角形のような形に発達するので三角州といわれ、英語ではデルタとよばれます。デルタはギリシャ文字のひとつで大文字ではΔで示されます。広島は形もデルタとよぶにぴったりの三角形です。では、三角州は先に述べた扇状地とは、どこがどう違うのでしょうか。最大の違いは何によってできているか、です。三角州は砂や泥からなりますが扇状地はレキです。畑の土に注目するとよくわかります。三角州の上にある畑には細かな砂や泥が目立ちますが、扇状地の畑に注目すると石ころ（レキ）が少なからず含まれていると思います。

ちなみに、のちに広島とよばれるようになる三角州が形成されはじめたのはおよそ7000年前頃からです。その後に何千年もかけて砂や泥が上流から運ばれ三角州が海側に前進していきました。じつは日本の三角州はどこでも広島同様に同じ時代に形成されました。場所により弥生時代の頃から稲作が営まれたり、古代から中世にかけては条里制による土地区画が進んだりと、各地の三角州は人間の生活の舞台として重要な場所です。もちろん近世以降では人の埋め立てにより三角州自体が大きく変化し、自然状態による三角州の拡大速度以上に陸地が増大しました。

堆積の基準は海面の高さ

このように、川の流れと下流域や河口付近での堆積作用を考えていくと、海面の高さが大変に重要なことに気がつきます。山を浸食させた川沿いに見られるレキ、砂、泥は、川の上流から運ばれてきて、海に到達するときには、その海面に応じて堆積が進みます。海底が急に深くなっている場合には、さらに沖合に堆積場所は移動することがありますが、通常の河口の状況から見ると、まずは海面の高さまでが、そこで堆積が進行するという場所の基準となります。三角州での堆積は、海面の高さを超えて水のない場所では進行しないからです。現在国内の三角州には各地で都市が形成されています。これは人が埋立てなどを進めて街づくりを行なったためです。東京東部の墨田区・江東区と江戸川区の一部は**江東デルタ地帯**とよばれます。この地域の三角州はじつはかつて東京湾に流れていた利根川により形成されました。江戸時代前は入江、干潟、湿地帯のような環境でしたので街をひろげるため、徳川家康の入府以降、積極的に埋立事業が進められました。このようにして人が住める陸地になったのですが、先に触れたように地下水の汲み上げ過ぎによる地盤沈下のため、江東デルタ地帯は堤防によりしっかり守られてはいるものの、標高は海面以下に戻ってしまいました。

ところで、海面の高さは気候変化によって変動しており、いつの時代も同じとは限りません。地球が寒冷になると、海面は低くなります。それは高緯度地域で大陸氷河が成長し、結果的に海水の一部が陸上に移動することになるためです。これによる海面の高度差は、130メートルほどの範囲で上下し、大まかには約10万年の周期をもちます。約2万年前、地球は非常に寒冷な時期を迎えていました。しかしその後温暖化が急激に進み、約7000年前頃（縄文時代前期）に気温のピークを迎え、海面も現在よりも数メートルほど高かったようです。

この頃から現在にかけては、海面の高度が安定している時期で、この間では数メートル以下の海面低下がある程度です。これは、現在の海面を基準にして、土砂が安定して堆積することを示しています。つまり、三角州の地形が発達可能な条件が揃います。また三角州だけではありません。三角州ができることにより海面すれすれの土地が広がるのですから、少し上流にあった自然堤防帯（曲流河川）がこの土地を目指して拡大してきます。つまり浅い海が三角州になり、いずれ自然堤防帯に移りかわるという、一連の地形の成り立ちです。日本各地の平野には、このようにしてこの過去7000年間に広がった地形が、よく発達しています。海面や近くの川の高さと比べても高度差が小さい（ほとんどが10メートル以内）ので、低地とか沖積低地とよばれています。

3 水がつくった関東平野のでこぼこを眺めてみる

平野は低地、台地、それに丘陵から構成されている

平らな平野には多くの人が集まってきて、そこを生活圏として暮らしています。日本の総人口のほぼ3分の1が暮らしている関東平野は、その代表ですが、その平野も前節で触れたような低地ばかりではなく、大小さまざまなでこぼこをもち、いろいろな表情を見せてくれます。起伏が小さく低くて平らな土地を平野と称しているわけですが、平野だからどこまで行っても真っ平らで低い低地ばかりかというとそうではなく、実際には平野の中でも地形によっての起伏も結構あるわけです。その地形を形態別に見ると、基本的には平野は低いほうから順に、低地、台地、それに丘陵があります。

周囲の低地からは一段と小高くなっている台状の土地を、台地といいます。台地の上は平坦な地形からなりますが、台地には少なからず坂道や斜面、崖などのでこぼこが伴いま

す。

東京23区西部から多摩東部や埼玉県に広がる武蔵野台地、千葉県北部の下総《しもうさ》台地などがあり、もっと細かく見ればほかにもいくつもの台地と名のついた場所を見つけることができます。たとえば、武蔵野台地の端っこの一部分を本郷台地ということもあるように、ひとつの台地が、またいくつか細分化して別の名前でよばれる台地に分かれていたりします。

静岡の牧ノ原台地や大阪の上町《うえまち》台地なども、よく知られた台地です。

また丘陵は、山地よりも起伏が小さく、なだらかで丸みをおびた丘（小山）が続く地形です。また平坦な地形をあまりもたないことから台地とは区別できます。

その高さや起伏が山ほど大きくはなく、台地よりは大きいものを指して丘陵とよんでいます。大阪の千里丘陵が有名ですが、関東平野では、多摩丘陵や狭山丘陵、房総丘陵などがあります。

武蔵野台地はどのようにしてできたか

平野でも、低地以外では台地や丘陵など、明らかな凸凹が目立ちます。凹凸自体の形や傾斜、標高差もまちまちです。じつは、関東平野は台地と丘陵の割合が比較的大きいのが特徴といえる平野なのです（図5・11）。

つまり、関東平野の北東部には那珂台地、東茨城台地、新治《にいはり》台地、筑波稲敷台地があり、その南には千葉県北部の下総台地が大きく広がっています。さらに南には、姉崎台地、木更津台地が続き、その南が房総丘陵です。

また、鬼怒川の流域に沿って台地が伸び、そこから西へ低地を挟んで大宮台地、武蔵野台地、多摩丘陵、下末吉台地、三浦丘陵へとつながります。

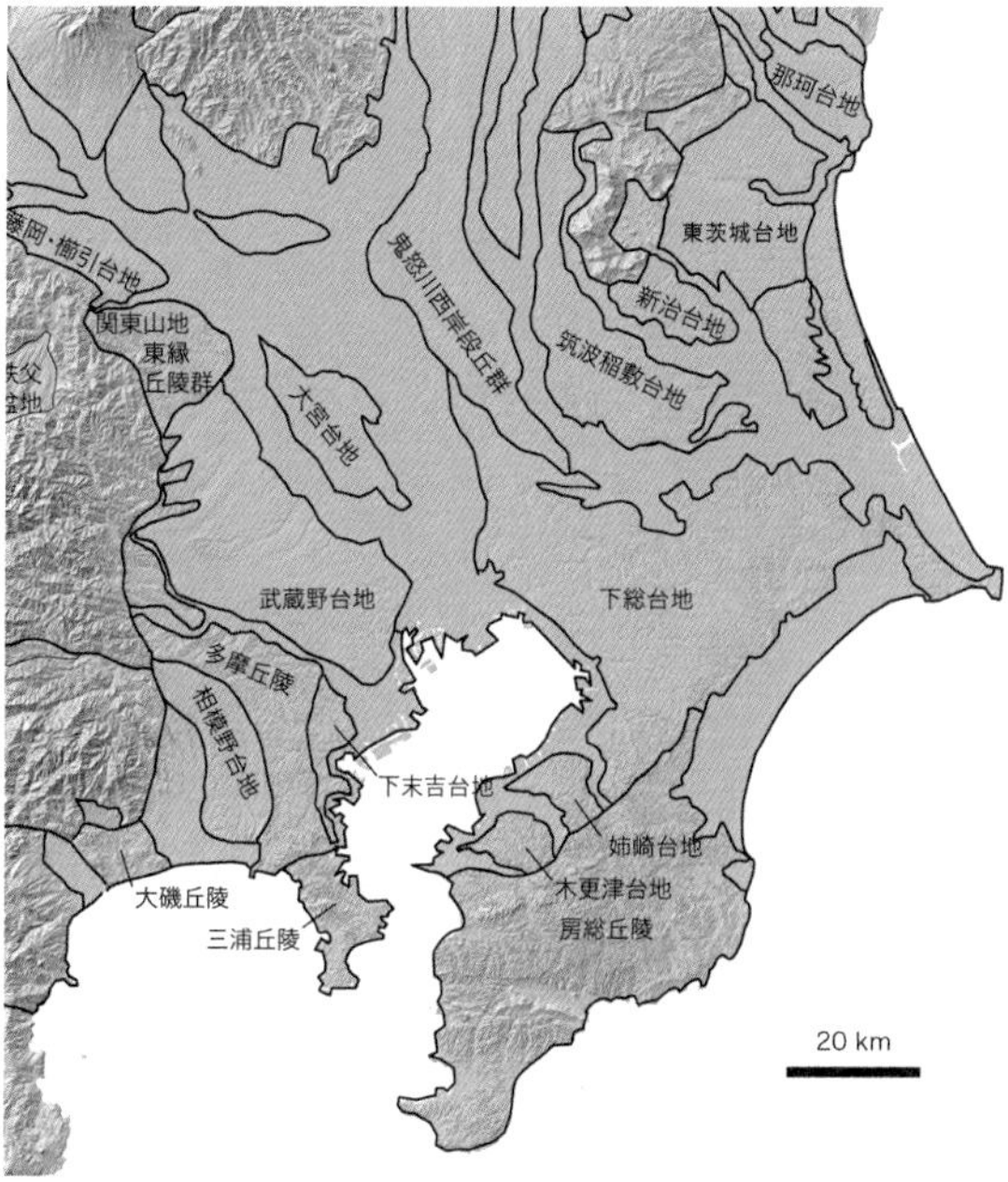

図5・11　関東平野の台地と丘陵。（背景の陰影図は地理院地図による）

台地は小高い平坦な地形からなりますが、少なからず坂道や斜面、崖などの凹凸があります。台地を生活圏に含む読者のみなさんは、是非とも身のまわりの凹凸地形を観察してみてください。台地に見られる凹凸はその地域の成り立ちと深く関係しています。

ここでは台地の凸凹を、武蔵野台地を例に見てみましょう。

東京23区西部から多摩東部や埼玉県に広がる武蔵野台地は、北東側を荒川に、南西側を多摩川に挟まれています。この台地はいつ頃、どのようにしてできたのでしょうか。一言でいえば過去約20万年間に多摩川がさまざまな向きに扇状地を発達させたなごりです。また一部、東京湾が現在よりも広がっていたときの海底であった場所も含みます。それが台地になっている理由は、地殻変動で隆起により持ち上げられたこともあります。

台地のでこぼこ——段丘と段丘崖

武蔵野台地を細かくみると、いくつかの段々に分かれていたり、谷が食い込んでいたりしていて、崖が各地にあります。なかでも台地をとりまく低地との段差となる崖がもっとも連続性がよく、しかも急で高度差もあります。

まわりよりも高く平坦な地形である台地にはシラス台地など火山に関係するものもあり

ます。しかし武蔵野台地の場合はすべて段丘とよばれる地形からなります。

　したがって武蔵野台地をふちどるように見られる崖は、**段丘崖**《だんきゅうがい》とよばれます。

　低地と台地との境界をなす段丘崖は、なぜ存在するのでしょうか。それは低地がなぜあるのかを考えると答えに辿《たど》りつきます。広がりのある低地は、流水量が大きい大規模な河川や海岸に沿うように広がり、その高さも川や海面とほぼ同じです。河川や海は堆積や浸食作用が働く場所です。低地を流れる河川や海がそれよりも高い土地に接すると、浸食により低地をさらに広げようとします。浸食から取り残された高い土地が台地であった場合、そこと新しくできた低地の間には崖が残ります（図5・12）。

　これが低地と台地を境する段丘崖です。武蔵野台地では下町と山の手を分ける崖、すなわち東京東部の東京低地と武蔵野台地を分ける崖がそれに相当します。京浜東北線の赤羽駅付近から王子駅、上野駅にかけては高さ10メートル以上の崖が続きます。まだ東京の低地が海であった、7000年前から数千年前頃の海岸で進んだ浸食作用により形成されました。この崖はさらに南に続き、品川駅の西側や大森駅付近まで続き、後者では縄文時代の海岸線のなごりとなる**大森貝塚**が知られています。

　東京湾の海岸線に沿って武蔵野台地の輪郭を囲む崖は、方向を変えて多摩川に沿って低

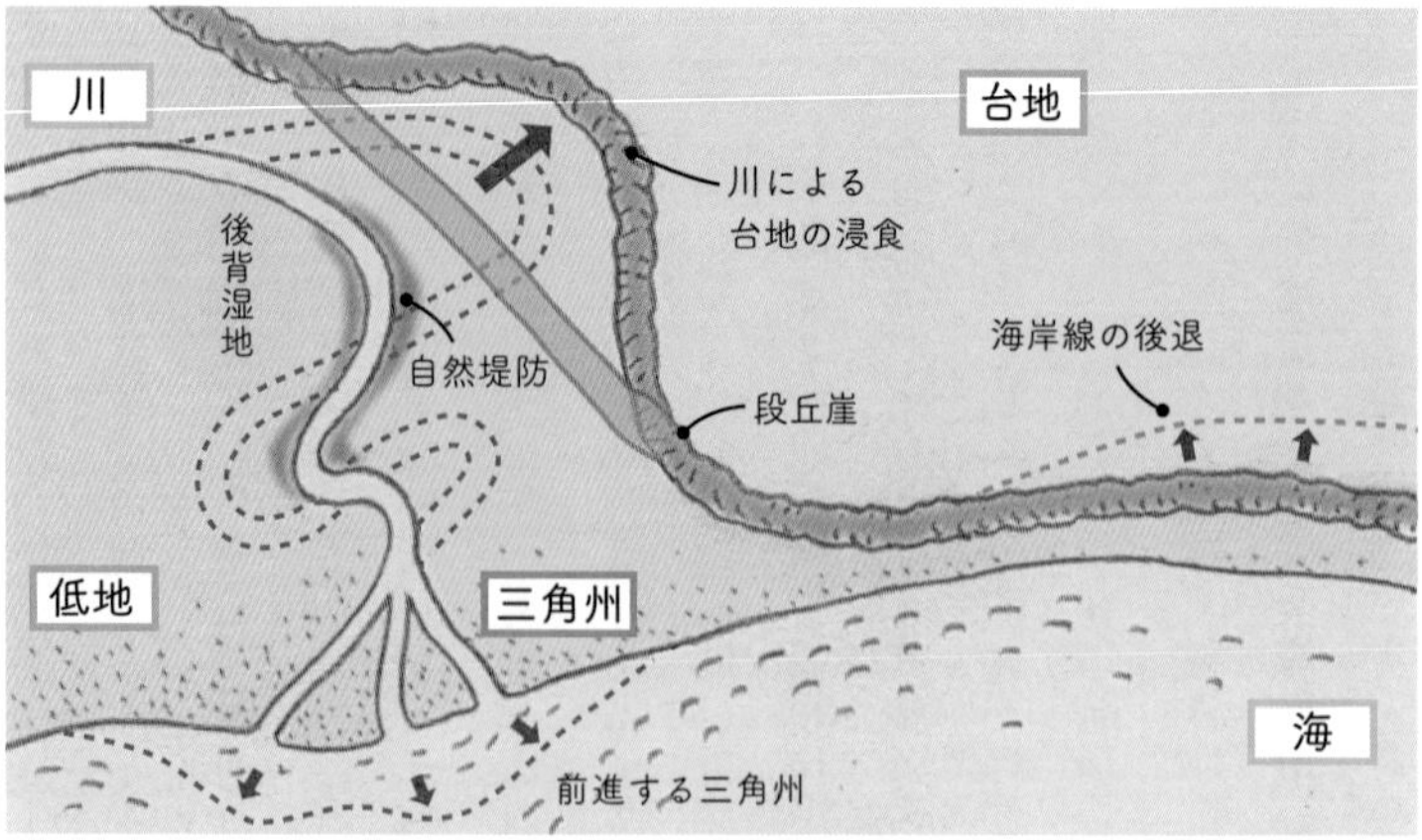

図5・12　川と海による地形変化と崖地形。

地と武蔵野台地を分ける崖として、延々と青梅付近まで続きます。途中その崖は**国分寺崖《がい》線《せん》**（一部のみ）や府中崖線、立川崖線などとよばれています。

都心部ほど凹凸のある武蔵野台地

さて、武蔵野台地の凹凸を見ていくと、不思議な特徴に気がつきます。武蔵野台地では山に近い内陸ほど凹凸が少なく、海に近い東端部ほど凹凸が著しいのです。その様子は国土地理院の地理院地図にあるデジタル標高地形図でよくわかります（図5・13）。

この図にはあえて鉄道路線や駅名などを入れていませんが、皇居と品川、渋谷、多摩川、新宿、上野などの地名は示しています。それ

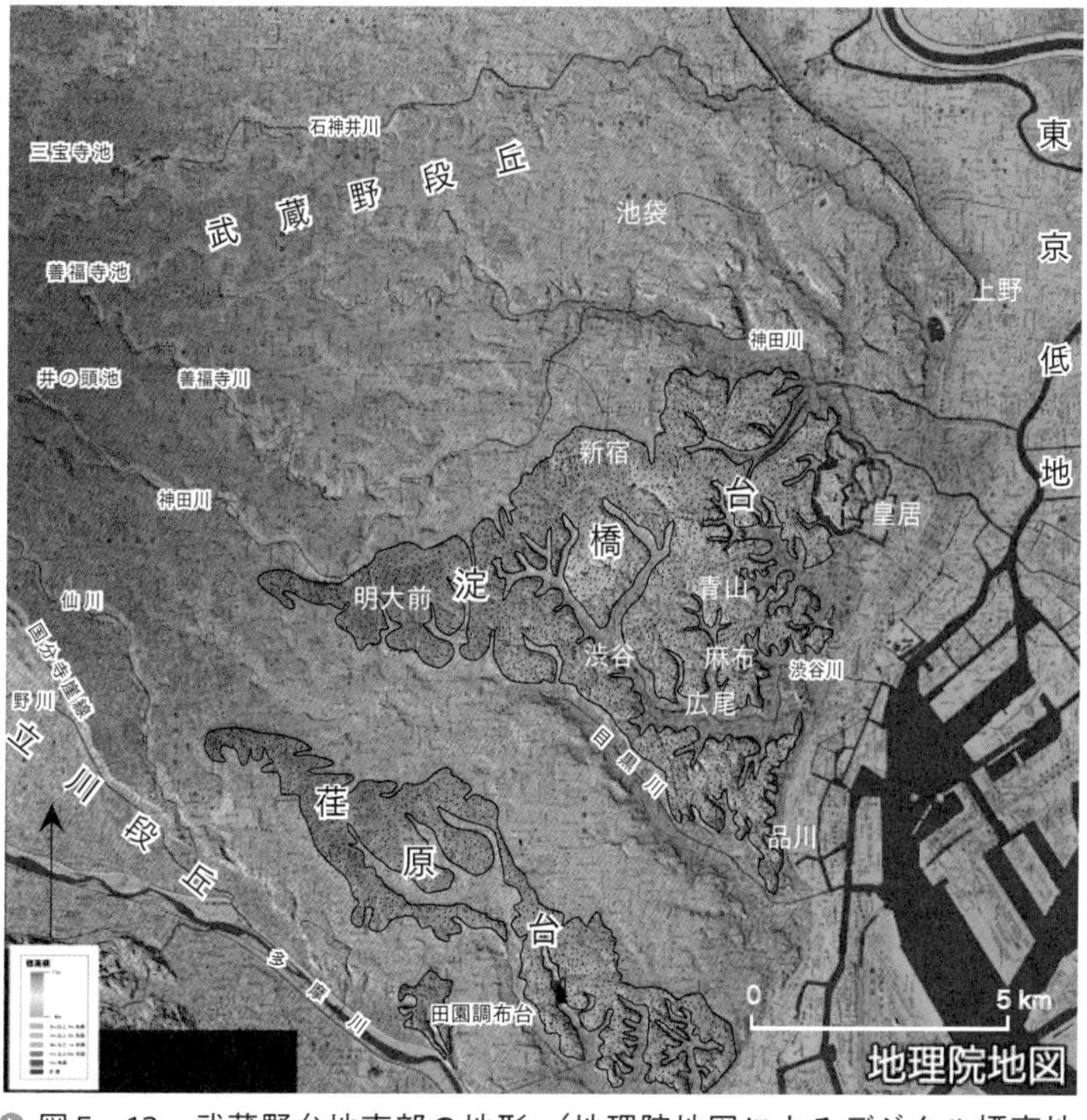

図５・13　武蔵野台地東部の地形。（地理院地図によるデジタル標高地形図を改変）

をたよりに見てみると、皇居から渋谷、品川にかけての三角形に囲まれた範囲が武蔵野台地の中でももっとも地形が複雑であることがわかります。この複雑さは、もともと平坦であった台地が浸食により谷が形成されたためです。とくにそれが顕著なのは、渋谷から広尾、芝公園南を経て東京湾に至る渋谷川を挟む地域で、港区に相当する地域です。

港区は日本の中でもっとも高級なイメージをもつ地域のひとつといえ、各国の大使館やオフィス、住宅地が集中します。一方でやたらに坂道が多く、しかもその高低差は10メートルを超える場合が多く、起伏だらけです。赤坂、青山など凸凹を感じさせる地名もあります。名のついた坂道も多く、谷底の広尾駅から東側の台地に駆け上がる道は南部坂（図5・14）とよばれ、ドイツ大使館と有栖川宮記念公園に挟まれた道を駆け上がり、東京都立中央図書館が立地する台地まで、およそ20メートルの標高差があります。

このあたりの地形は23区でもっとも坂が多く丘陵に近い地形です。この範囲の中で台地の面影を残しているのは白金台や高輪台という地名・駅名です。また青山付近やさらに新宿、代々木公園、明大前駅付近まで、この起伏に富んだ地形の広がりがあります。この範囲の残された平坦面を見ると、武蔵野台地の中でもやや高い場所です。新宿駅西口付近の旧《ふる》い地名に基づき、この範囲は淀橋台《よどばし》（図5・13）とよばれています。

図5・14　淀橋台に上がる南部坂。港区南麻布４丁目付近。

同じように谷の発達により、複雑で周囲よりも少し高い地域が世田谷区、目黒区、品川区にかけて広がります。そこは荏原《えばら》台とよばれています。さらに同様な地形が、狭いながら飛地のようにして田園調布台にあります。おもしろいことに、武蔵野台地の中でも少し小高いこれらの地域には、青山、麻布、高輪、白金台、代官山、深沢、駒沢、田園調布など、高級住宅地が広がります。台地の中でもまわりに比べて少し標高が高い場所が選ばれるようにして高級住宅地になっています。少々坂があってもまわりよりも高い場所がよい住宅地とされたのかもしれません。

古東京湾の海底であった淀橋台・荏原台

さて、淀橋台・荏原台・田園調布にあるやや小高い部分は、地質の調査から12万年前の海面が高かった時期に拡大した東京湾（**古東京湾**）の海底であったと考えられています。海底であったところがまわりよりも少し高いのは変に感じるかもしれません。これは古東京湾が干上がり、さらに海面が低下した時期（10万、8万年前など）に、淀橋台・荏原台・田園調布台の間を多摩川が流下して古東京湾の干上がった海底を削り下げてしまったためです。このため、もともとはひと続きであった元の海底の地形が分断されました。さらに多摩川の対岸、川崎市や横浜市にもその続きがあります。

とくに横浜市鶴見区下末吉《しもすえよし》でこの地形が詳細に研究されたので、このひと続きの地形は研究者の間では**下末吉段丘**とよばれています。また、単独の台地として下末吉台地ということもあります。

段丘は平坦面からなるのが基本ですから、下末吉面ともよばれ、形成当時の海面が高く温暖な時期は下末吉期とよばれています。現在の下末吉は狭くて何の変哲もない街の一角ですが、日本ではこの時期に形成された地形の標識地となっています。地形学や若い時代の地質学を研究する人にとっては基本の場所になっています。

淀橋台・荏原台ではなぜ武蔵野台地の中で谷が多く発達し、起伏があるのでしょうか。いろいろと理由は考えられますが、周囲に比べて陸化したのが早く、それだけ谷が発達する時間が長いこと、武蔵野台地の中でもっとも海寄りで、谷の浸食が及びやすかったこと、また、かつての海底であったことを反映して浸食されやすい砂から台地がなっていることなどがあげられます。

武蔵野台地のほとんどは扇状地だった

淀橋台、荏原台、田園調布台を除く武蔵野台地では、これらを細分するように別の名前がつけられています。淀橋台、荏原台、田園調布台はまとめて下末吉段丘とよばれますが、相対的な高さの順番で下に武蔵野段丘、またその下に立川段丘があります。ちょっとわかりにくいかもしれませんが武蔵野台地はいろいろな段丘の集合と考えればよいと思います。そしてそれぞれの段丘には個別の成因や形成された年代があります。

武蔵野段丘と立川段丘の重要な点は、これらは多摩川の流れた跡だということです。図5・15には武蔵野段丘と立川段丘の高さを示す等高線を描き込んでいますが、その形から

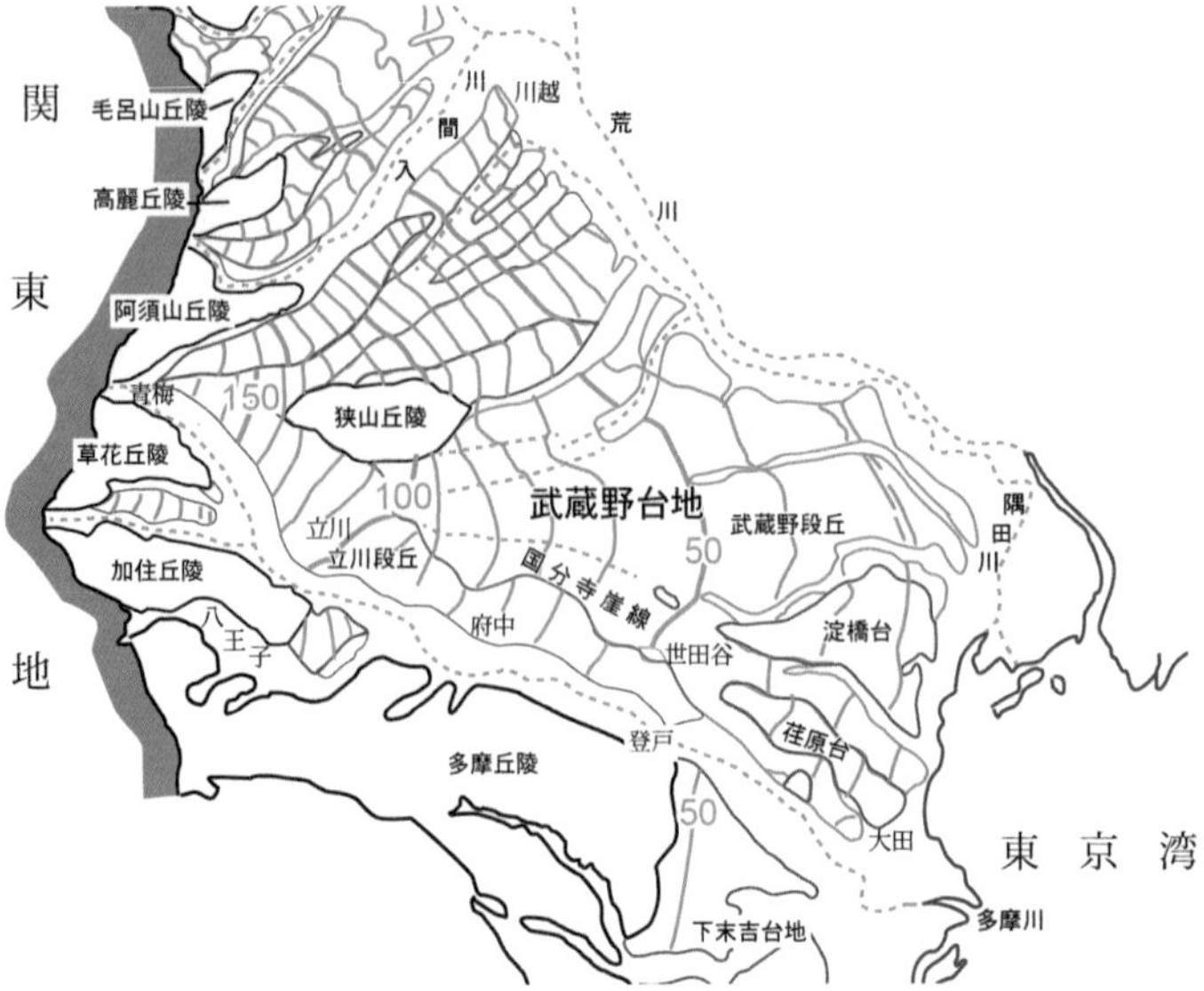

図5・15　武蔵野台地の地形区分。オレンジ色の線は等高線。

わかるように、扇状地であったところです。現在の多摩川はここに流れていませんので、武蔵野段丘と立川段丘は過去の扇状地ということになります。つまり扇状地起源の段丘です。

　武蔵野段丘とその下の立川段丘の間には、**国分寺崖線**が伸びています（図5・16）。これは、立川市北東からJR国立駅東側、深大寺、二子玉川付近にかけて延々と続く、高度差10〜20メートルの大きな段差です。

　住宅地の中を延々と伸びるので、ところどころ坂道があり、場所に

図5・16　旅客機から見た国分寺崖線。

より崖に緑が残されて湧水も見られます。崖の高さは淀橋台・荏原台を刻む谷の場合とそれほど違いがありませんが、段丘を境する崖なので単純に南〜南西側を向く崖の地形が一方的に続きます。これに対し淀橋台・荏原台の坂道の場合は谷なので、いったん下がった坂道を歩いて行くといずれまた台地面を上がる坂道に達します。

武蔵野段丘では、国分寺崖線以外にも淀橋台・荏原台ほどではありませんが坂道があります。それは台地上を流れる川沿いに、谷が発達するためです。ただし谷といっても淀橋台・荏原台のような浸食により形成された谷ではありません。むしろ堆積によってできる谷という、矛盾したような地形です。

これは扇状地であった頃から水が流れていた、まわりよりほんの少し低い場所が、その後も小さな川を存続させたものですが、そのような場所には富士山などの噴火による火山灰が降灰しても、下流に流されてしまいます。これに対して、周囲は火山灰が徐々に堆積していくので高くなっていきます。このようにしてできたのが、武蔵野台地上に見られる谷の成因で、**名残川**《なごり》とよばれています。

武蔵野段丘は、もともとは扇状地だったところです。図5・15に円弧状の等高線が描かれており、その円弧の直角方向がそれぞれの場所の最大傾斜の向きで、扇状地であった時期に川（多摩川）が流れていた向きです。現在武蔵野段丘の上を流れる川もこの流れの向きを継承しています。このため、武蔵野段丘北東部では石神井川のように東北東方向に流れ、善福寺川、神田川上流部、目黒川、仙川、野川はほぼ南東方向に流れています（図5・13）。

4 湖は単なる大きな水たまり？

その形成には厳しい自然現象による変動があった

雨がよく降る日本では、川とともに風景をつくる重要な要素は、湖などの水域です。水域というと硬く感じるかもしれませんが、簡単にいえば水たまりの大きなものです。雨などでできる水たまりは、晴れの日が続けば消滅してしまいますが、湖をはじめ、池、沼などは簡単には干上がりません。海外では、季節により拡大したり、消滅したりを繰り返すような水域がありますが、国内のものは比較的安定しています。

この大きな水たまりを表す日本語は多く、湖、池、沼、潟などの語が使われます。固有名としては霞ヶ浦、中海《なかうみ》、一ノ目潟、湯釜、覚満淵などで、最後に湖沼・池の文字がつかない場合もあります。日本ではこうした言葉を微妙に使い分けします。これらの中でも、「湖」は他に比べて面積や水深が大きなものを指す場合が多いのですが、あまり明確な区分はないようです。しかし一般的には、湖はある程度の大きさと水深をもつイメージ、沼は浅くて底が泥のイメージ、池は小さなものをイメージすることでしょう。

公園などにある水域はたいてい○○池とよばれています。また池には人工的につくられたものが多くあります。とくに水不足に悩まされてきた地域では古くから多数のため池がつくられており、兵庫、広島、香川、大阪など降水量の少ない瀬戸内沿岸に多数が存在します。

水域を含む場所の多くは、風景がよいので風光明媚な景勝地として、またキャンプや釣りなどのレジャー地として、また農業（灌漑）用水の確保や水産資源として、人々の生活と密接に関係しています。その関係の仕方をみると、それぞれができたきっかけやその後の歴史を映し出しています。

人々を和ませてくれる水域ですが、人工的なものを除くと、じつは多くのものが天変地異や長期的な気候変動を経てつくられた歴史があり、穏やかな水面をもつ現在の姿に反して、その形成には厳しい自然現象による変動が伴っています。火山噴火、地震あるいは豪雨による斜面崩壊、繰り返される活断層の活動、氷期が終了した後の急激な海面上昇などです。このうち、火山噴火や斜面崩壊など、現象が激烈であるほど、現在の景観に幽玄な

図５・17　田沢湖と東方にある秋田駒ヶ岳火山。田沢湖の成因に秋田駒ヶ岳火山は関係ないと考えられる、2012年10月撮影。

美しさを含んでいるように感じるのかもしれません。

国内でもっとも深い水たまりの謎

火山がつくりだした水域には、噴火に伴ってできた凹地に水が溜まったものがあります。第４章で見た、カルデラや火口などとよばれる地形などです。このうちカルデラによる湖は比較的深いことが特徴です。洞爺カルデラでは最大水深１７９・７メートル（洞爺湖）、北海道のクッタラカルデラでは最大水深１４８・０メートル（倶多楽湖）です。

日本で一番深い湖は、秋田県の田沢湖です（図５・17）。標高２４９メートルにある田沢湖の最深部は深さ423・4メートルで、海面より深いのが特徴です。最近では、田沢湖のみに生息していたが絶滅したと考えられていた固有種クニマスが、山梨県の西湖で見つかり話題になりました。観光地としてもよく知られた湖ですが、カルデラに関係しそうだといわれながら、じつはその成因がよくわかっていません。隕石により形成されたという考え方も示されました。水深が深く、しかも比較的円形なので、確かにカルデラを彷彿とさせます。少し北の青森県との境界には、カルデラをなす十和田湖（水深326・8メートル）があり、地形的にはよく似ています。

田沢湖湖底には火山岩があり、また付近には秋田駒ヶ岳などの火山や古い時代の大規模な火砕流の痕跡が残されているので、火山起源の凹地、すなわちカルデラである可能性が高いのですが、明瞭な凹地の地形に相応しい新しい時代の火砕流が見当たらず、どうもしっくりきません。

現存するカルデラ地形を形成した、巨大な噴火の時代は重要で、屈斜路や洞爺、クッタラ、阿蘇カルデラなどはいずれも過去約12万年間以内の大噴火により陥没したもので、カルデラの埋積も進んでおらず生々しい地形を見せています。これに対して田沢湖周辺で発生した大規模噴火は180万年前以前のものばかりです。これらの噴火でできたカルデラが田沢湖とすると、水深があり埋積が進んでおらず、地形が新鮮すぎるように思えます。日本は地形の研究が比較的進んでいますが、まだわからないことも多いのです。

地震でできた水たまり

日本列島では、火山噴火や地震、豪雨などの突発的自然現象がしばしば発生し、山が崩れます。その際に谷に流れこんだ大量の土砂が、川の流れを妨げて生じるせき止めが、これまで何度も起きてきました。このようにして、堰止湖などとよばれる水域ができ、**天然ダム**とか**土砂ダム**などともよばれます。「天然ダム」の言葉はどこか「自然堤防」の語と響きが似ています。ダムとか堤防など通常は人工的につくられるはずと人々が思っているものに、あえて天然や自然の言葉をかぶせて人為的な理由以外でもつくられることを強調しています。

しかし、「天然ダム」という言葉は、最近ではその使用が避けられているような傾向があります。その背景には、天然という言葉から連想される美しい「はず」の自然に対して、山が崩れて岩盤がむき出しになり、崩れた土砂でできあがったダムは美しい「はず」の自然に反している、という意識もあるようです。また、災害を引き起こすような現象できたものに対して、「天然」という心地よい美しい文字を当てはめるのは相応しくない、という意識も一因といえます。

これには、人が美しいと感じる「自然」の風景がつくられるときには、人間にとって不快な現象が伴うこともある、という側面を軽視した思考が見え隠れします。「自然」という現象の本質を知る上で、「天然ダム」という言葉の使用は適切かと思われます。

さて、現実の「天然ダム」ですが、大きなものから小さなものまで、日本各地に存在します。山形県朝日山地にタキタロウという巨大魚伝説で知られる大鳥池《おおとり》があります。この水域は、地すべりによるせき止めでできたと考えられています。この例はかなり人里離れた場所にあるものですが、もっと身近なところにもあります。

神奈川県西部に位置する秦野市南部には標高200メートル程度の大磯丘陵とよばれる場所があります。市街地にも近く、丘陵には畑や集落も多く見られます。その一角に震《しん》生《せい》湖とよばれる変わった名称の水域があります（図5・18）。長さは300メートルくらい、幅は50メートルくらいの細長い水域で、東京都内でいえば井の頭恩賜公園や石神井公園の池と同じか、むしろそれらより小さいくらいのもので、池と称した方が相応しいような湖です。不思議な名前がついていますが、その名称のとおり、あるいはさらに頭に「地」を

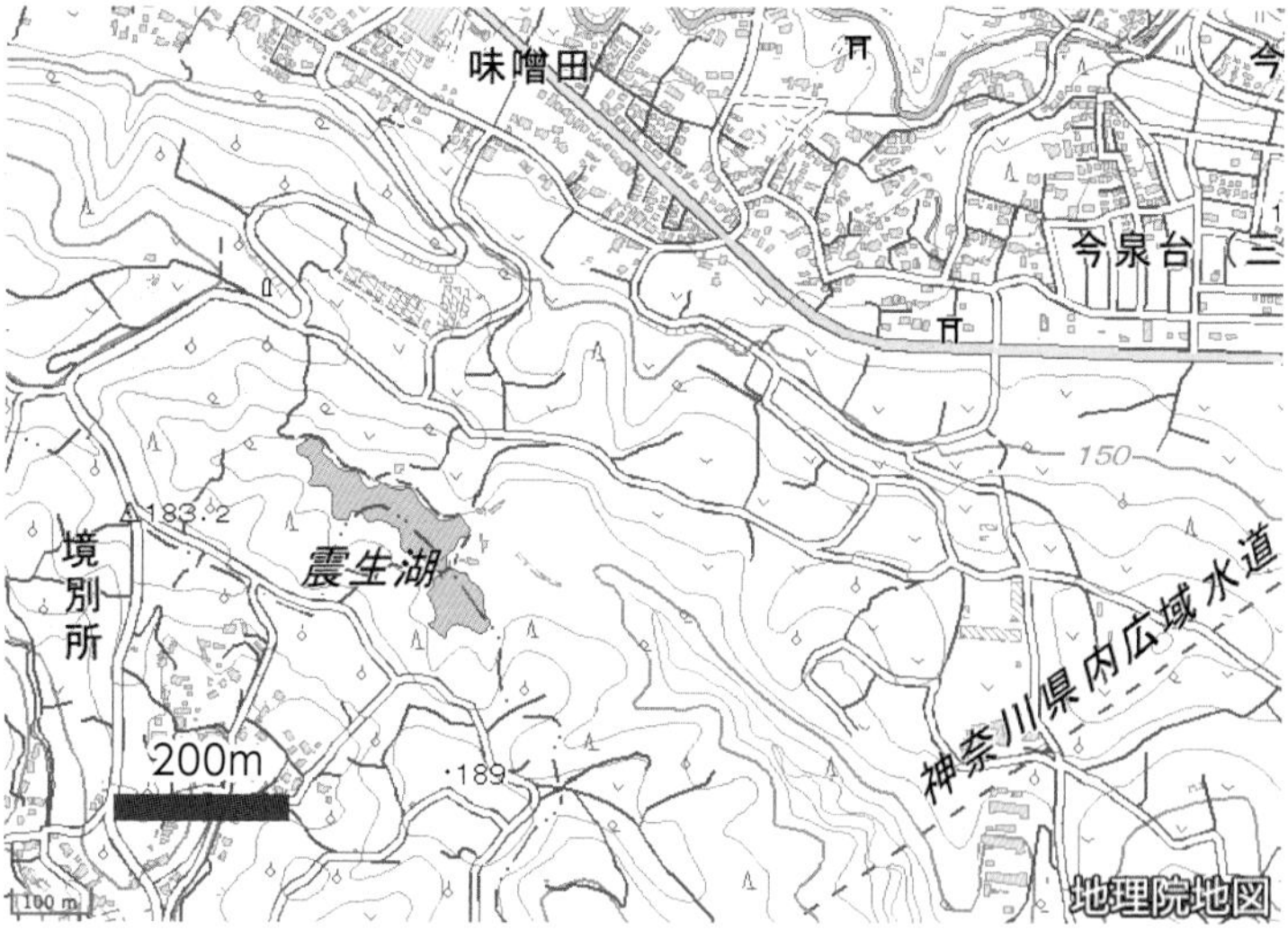

図5・18　大正関東地震（1923年）の地すべりによるせき止めで形成された神奈川県秦野市南方、震生湖周辺の地形図。（地理院地図による）

加えるとわかりやすくなります。この水域は、地震で生じたもので、1923年の関東大震災を引き起こした大正関東地震により生まれました。それ以前、ここは大磯丘陵のどこにでもあるような谷でした。ところが関東地震の際には、付近は震度6以上の揺れにみまわれました。大磯丘陵は富士火山や箱根火山からの火山噴出物が厚く堆積しており、これらの一部では地震の揺れにより地すべりが生じ、その一箇所が震生湖の東端付近でした。震生湖が細長いのは、も

図5・19　現在の震生湖周辺の様子。2015年12月撮影。

ともと谷であったためです。現在の震生湖は、森に囲まれ、地すべりがあったはずの場所も不明瞭になってしまいました（図5・19）。

首都圏郊外の静かな水域ですが、過去の過酷な自然現象を物語っている貴重な風景です。

人工的な水たまり――歴史を語る日本の風景

水が豊富な日本といえども、渇水に悩まされる時期もあります。先にあげた瀬戸内沿岸は、昔から水不足に悩まされ続けてきた地域です。これを反映して、この地方には多数の**ため池**があります。

国内でも雨が相対的に少ない地域で、無数の人工的な灌漑用の池が見られる地域です。図4・16上は、火山の章で登場した讃岐富士周辺の地形図ですが、比較的大きなもので5つ程度、小さなものは10以上の池が地図から判別できます。少し離れた位置から撮影した図4・16下にも、手前に道池《みち》が写っています。

この周囲は丸亀平野とよばれる低地で、古くからため池がつくられてきました。その歴史は古く、古墳時代から奈良時代にかけて古代条里制開拓とともに発達してきました。人工的な水たまりであっても、1000年以上の歴史を考えると日本の風景になじんでいるのかもしれません。

また関西地方でも古くからため池がつくられていたらしく、現存する日本最古のため池は7世紀頃につくられた大阪府の狭山池とされています。そのほか、国内の平野部を見ると、農業用のため池は日本全国に広く存在します。

台地や丘陵など谷津田が広がる地域では、谷という地形の特徴を活かして比較的小規模な堤を築いてため池がつくられているようです。関東では、埼玉県内の平野西縁部、千葉県のいすみ市から茂原市にかけて（この地域では◯◯堰とよばれるものが多い）などでよ

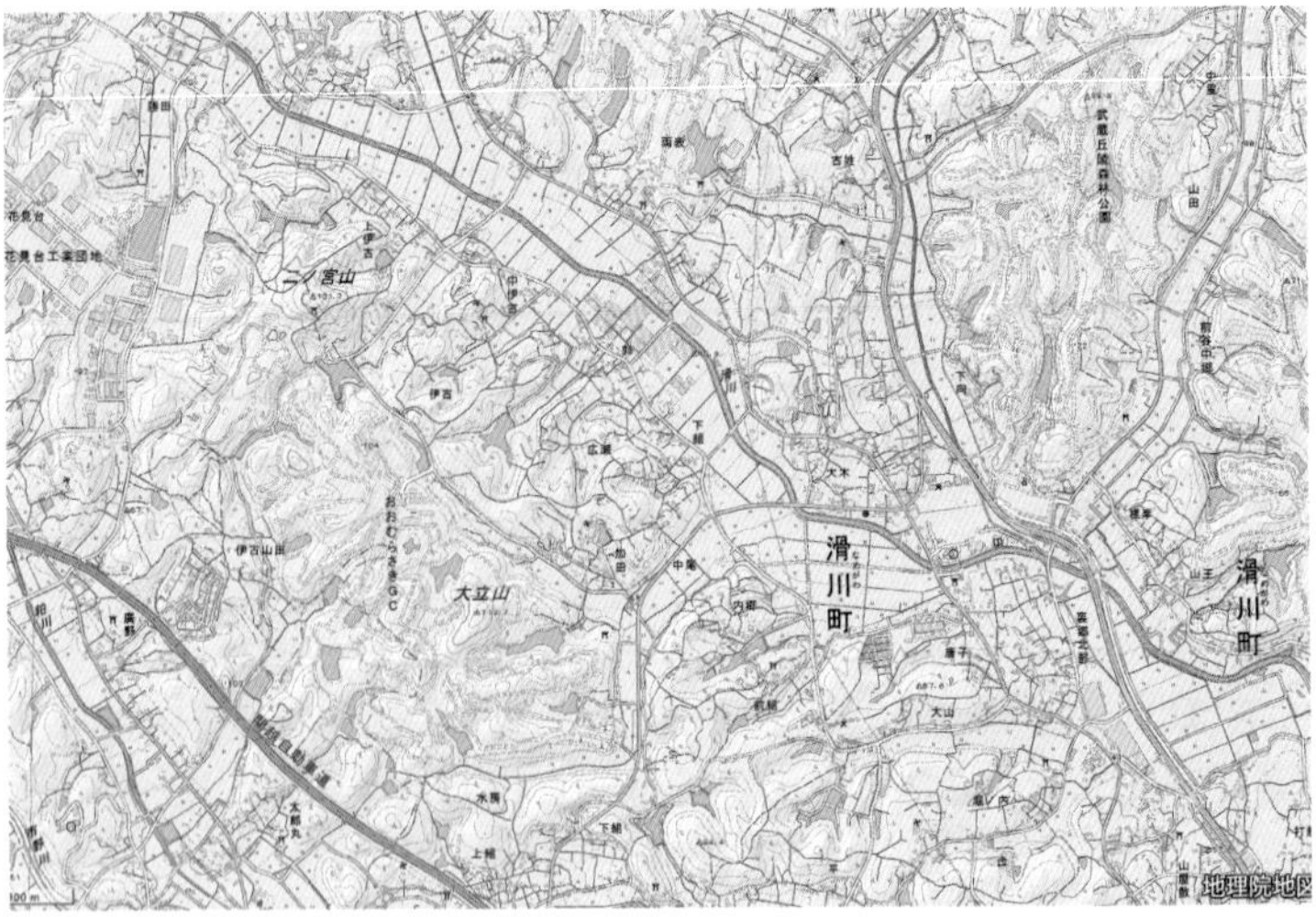

図5・20　埼玉県滑川町周辺の丘陵に分布するため池。地図の東西幅は約5.4km。（地理院地図による）

く見られます（図5・20）。これらはひっそりと谷津田の奥にたたずんでいます。

海に起源をもつ水たまり

よく知られているように、国内の湖沼を面積順にみると、琵琶湖がもっとも広く、それに霞ヶ浦、サロマ湖、猪苗代湖と続きます。かつては秋田県の八郎潟が広さ第2位でしたが、大規模干拓により順位を下げました。これら大きな湖沼面積をもつ上位12例のうち、霞ヶ浦、サロマ湖、中海、宍道湖など約半分では湖面高度が標高0メートル、すなわち湖面が海面と同じなのです。そして霞ヶ浦を除くといずれも**汽水**であり、淡水と海水が混じっています。霞ヶ浦も下流側の水門ができる前は汽水でした。

これらの湖は海に面した広い平野の一角をなしており、ほとんどは海水を混じえることや、すぐ近くで海に面して細い水路などで海と繋がっています。また水深が浅く、ほとんどが最大水深20メートル以下です。もともとこれらの湖は海の一部、すなわち内湾であったところでした。このため**海跡湖**《かいせきこ》とよばれています。海面が現在に近い高さに達したのは、氷期が終了した後の急激な海面上昇が落ち着いた約７０００年前です。この頃に湖の原形となる内湾が成立しました。その後の三角州の発達や砂州の発達により、外洋との間に陸地が生じ、海から切り離され、湖とよばれるようになりました。多くのものは浅く、河川の影響により堆積が進み、湖の面積は小さくなる傾向にあります。

これらの湖は、水産資源にも恵まれています。サロマ湖のホタテガイ、宍道湖《しんじこ》や小川原湖のシジミ、浜名湖のウナギなどがよく知られていて、古くから人々の生活と密接に関わってきました。また近世・近代の食糧確保のために埋め立てや干拓が進み、その姿を変えてきました。自然の堆積によりもともと縮小傾向にあることに加え、人の活動によりますます小さくなる運命にあります。

活断層がつくる水たまり

ここまで火山、地震、海の跡、さらには人工的につくられた水域を実例とともに見てきました。しかしまだ国内最大の水たまりともいえる琵琶湖については触れていませんでした。なぜあの場所に最大規模の湖ができたのでしょうか。またいったいいつからあるのでしょうか。

じつは琵琶湖は大きいだけでなく、その誕生が国内の湖としては群を抜いて古いことにも特徴があります。琵琶湖周辺の丘陵には古琵琶湖層群という、湖の底に堆積した地層が広く分布しています。これを堆積させた昔の湖は「古琵琶湖」とよばれており、現在の琵琶湖に続く昔の琵琶湖とされています。古琵琶湖層群はかなり南に離れた三重県の伊賀盆地付近にもあり、その分布から見ると、昔の水域は現在の琵琶湖とは形も位置もかなり異なっていました。

古琵琶湖が誕生したのはおよそ400万年前とされています。現在に近い姿になったのは約40万年前とされています。いずれにせよこれまで見た湖と比べても桁違いの古さであり、バイカル湖（ロシア）やタンガニーカ湖（アフリカ）などとともに世界的にも数少ない

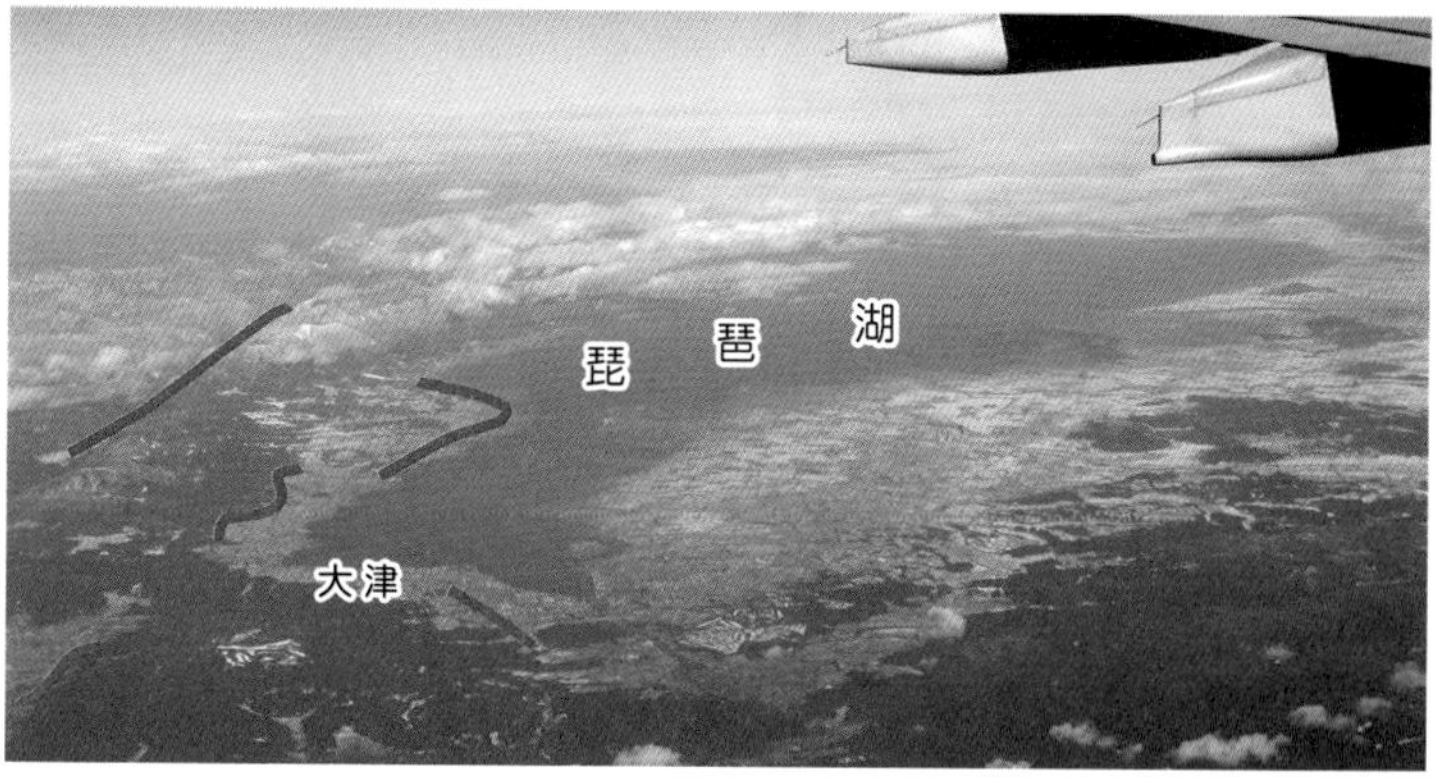

図5・21　空から見た琵琶湖周辺の地形と活断層（赤線）。

「**古代湖**」とされています。この歴史の長さゆえに独自に進化した琵琶湖固有の魚類が生息し、また淡水魚の種類の多さでも国内有数です。

通常の湖はまわりから運ばれる土砂により埋積が進み、いずれ消滅する運命にあります。しかし琵琶湖は長期にわたり湖として存在し、しかもその場所も移動してきました。いわば移動する水たまりです。なぜそうなったかは琵琶湖周辺の断層が強く関係しています。図5・21を見てもわかるように、琵琶湖周辺には活断層が多く分布します。それらが活動して地面が食い違うたびに湖側を低下させます。こうした動きが長期に及べばいくら周辺の河川が土砂を運んでもなかなか湖が埋め尽されることはありません。また活断層の活動の仕方が変われば落ち込む場所も移動し、それにつられて湖も移動します。このようなことから琵琶湖は**断層湖**ともよばれており、活断層により形成されたと考えることができます。

日本列島には活断層が多いことを述べました。これを反映して断層湖もいくつか知られています。たとえば諏訪湖です。諏訪湖は北西－南東方向に細長く伸びる諏訪盆地の真ん中に位置していますが、諏訪盆地のふちには活断層が伸び、それらが盆地を落ち込ませるような運動しています（図２・４）。この断層の続きは松本盆地の東側にも続き、さらには大糸線にそって北へ伸びていき、青木湖などの水域が見られます。これらの湖を直接つくりだしたのは地すべりに原因をもつせき止めと考えられていますが、湖自体の器となる凹みは活断層の活動により形成されました。活断層は山や盆地をつくるだけでなく、ところにより湖という風景をもつくってきました。

Enjoy Landscape
Tales from Topographic Lands
in the Japanese Islands

第6章
海岸の風景——海と陸の境目に注目してみると

1 日本の海岸風景――磯と浜が織りなすどこにもある風景だが

陸地と海域の境界線でもある海岸線

地形のでこぼこは、高低上下方向だけでなく、水平方向にも広がっています。日本は大小数多くの島々からなっていること、そのためアメリカよりも長い海岸線をもっていることなどは、第2章でも述べましたが、その海岸線もでこぼこだらけです。

海と陸がせめぎ合うこの海岸線は、陸地と海域の境界線でもあります。では具体的に、その境界線はどこにあるのでしょうか。波打ち際のラインを海岸線というのでしょうか。でも、それでは満潮時と干潮時では線がかなり移動して変わってしまいます。

そこで、海上保安庁がつくる海図では、満潮時の最高水面をもって海と陸の境目としています。つまり、満潮時でも大潮のときのこれ以上は海面も上がらない、という状態のときの海面の高さで、ここからが陸地であると境界線を引いているわけです。

一方で、日本の海、すなわち**領海**のはじまりをどこで判断するかといえば、大潮の干潮時のこれ以上は潮は引かないという、最低水面から先が領海とされています。この最低水面を基準とした線は低潮線といいます。最低水面から最高水面の間には干潟が広がる場合があります。また場所により、砂浜の海岸が伸びたり岩礁が続いたり、さまざまな風景をつくります。

一方、市街地や港湾施設や工場地帯などが直接海岸線に接している場合も多くあります。この場合には、海岸線は自然のものではなく、コンクリート護岸などに覆われています。埋め立ても盛んに行なわれ、造成地が増えてきた結果として、コンクリート護岸の海岸線はどんどん増え、１９９０年代中頃の環境庁（現環境省）の調査によれば**人工海岸**とされるものは全国のおよそ３割、**半自然海岸**も含めれば４割にも相当するとされています。市街地周辺の海岸線では、コンクリート護岸ばかりが目立ちますが、それでももう少しそこから離れて汀線に沿って行くと、岩がごろごろしているところに波が打ち寄せていたり、砂浜があって波が寄せては返している自然海岸の風景を見ることができます。こうした**自然海岸**の割合は、５～６割くらいだといわれます。自然海岸というのは、人工によって改変されないで自然の状態を保持している海岸（人工構造物のない海岸）です。満潮と干潮により陸地になったり海になったりする区間が自然の状態を保持していても、道路・護岸・テトラポット等の人工構築物で海岸の一部に人の手が加えられていれば半自然海岸とみなされます。

自然のままとはいえなさそうな海岸線

海岸周辺に建物や人家が多くある地域では、海岸線で目立っているのは、コンクリートの護岸や防波堤や港湾施設などです。これら人家に近い海岸線の風景では、ほとんど人工的なものばかりで風景が成り立っているところも多いはずです。市街地の海岸線の風景では、まずこうした港湾や工場などの景色がいちばんに目立っていることでしょう（図6・1）。

コンクリート護岸に固められた、市街地・工場地帯・港湾施設から離れていくにしたがって、海岸に沿って伸びている道路が現れます。海岸線に沿った道路を行くと、だんだん人家もまばらになり、集落もぽつんぽつんと点在する感じになります。人家がないところでも道路と電柱と護岸だけが延々と続いている、というところも多くあります。

これも、狭くて山地の多い国土の特徴といえるのかもしれませんが、日本の海岸線には波打ち際に接して道路が走っているところが、非常に多いはずです。

図6・1　人工海岸、鹿島臨海工業地帯の海岸。

道路が通っている海岸線は、一部崖や岩があるところを除けばほとんどはきっちり護岸されていたりテトラポットが並んでいたりして、海岸線は自然のままとはいえなさそうです。それでも、道路の下の護岸の外には、岩礁地帯や砂浜の波打ち際が続いています。

海岸線を道路や鉄道が並行して走るというような光景もよく見られますが、道路や鉄道なども海側は人工構造物で護岸化してあります。このような海岸が、半自然海岸なのです。

これに対して、満潮時の波が岩礁や砂浜を洗うような場合は、自然海岸となります。

急に海が見たくなったりするのはなぜ

海には、何やらいい知れぬ魅力があるようです。

列車やバスに乗っている際、車窓に突然のように青い海が見えてくると、乗客の中には声にならない小さな歓声が広がるような感じがします。

意味もなく急に海が見たくなって車を走らせたとか、海に向かって大きな声で叫んでみたくなるといったことも、物語の中だけでなく実際にも大いにありそうです。

読者のみなさんにとって、海の話から最初に連想する風景はどのようなものでしょうか。波が打ち寄せる砂浜をいちばんに思い浮かべる人もいれば、険しい岩石が露出した崖の荒磯を思い出す人もいることでしょう。あるいは、旅の記憶とともにサンゴ礁が思い浮かぶという人もあるかもしれません。海にも海岸にも、いろいろな風景があるのです。

四方を海に囲まれて、その海からの恵みを糧としてきた日本では、食生活の上では毎日の生活に大きく関わり続けている身近な海ですが、海を見ながら生活している人はそれほど多くはないのでしょう。年に数回程度しか海を見ない、あるいは数年に一度程度という人も多いかもしれません。

私の場合、調査などで海岸に出向くことは多いのですが、毎日海を見て暮らしているわけではないためか、水平線とともに広い海原が視界に飛び込んだ瞬間、日常から切り離されたような気分になります。同じような、あるいは似たような感覚をもつ人も多いのでは

図６・２　遠州灘中田島砂丘付近の地形。（地理院地図による）

ないでしょうか。

海が遠い砂丘

この海に近づきつつあるときの経験や思い浮かぶ風景を思い出してみると、私の場合、海に近づいているのになかなか海が見えてこなかったという印象的な記憶があります。

静岡県浜松市の遠州灘には、凧揚げで有名な中田島砂丘という場所があります（図６・２）。子どもの頃に車で連れていかれたことがあります。街を抜けて農村地帯を横切り海に近づくのですが、なかなか海が見えてきません。駐車場に車を停めてもまだ見えません。最後に松の木が植えられた丘のようなところを上がって、ようやく海が見えました。

砂丘という地形では、その規模が大きいほど、海が遠くなります。その海側には砂浜が延々と続き、波が何度も打ち付けます。乾いた砂が多い風の強い海岸で、その風によって吹き飛ばされ、吹き集められて堆積した砂がつくるのが砂丘です。

砂丘といえば鳥取砂丘が有名ですが、この静岡県の中田島砂丘（南遠《なんえん》大砂丘）のほかに、北海道の石狩砂丘、青森県の下北砂丘、石川県の内灘《うちなだ》砂丘、鹿児島県の吹上浜などのように、日本の海岸線では大きな砂丘はめずらしくないのです。

2 砂浜の海岸と岩石の海岸

白砂青松が象徴する砂浜海岸の風景

砂がつくる海岸は、無数にあります。関東地方の地図を見ると、利根川の河口にあたる銚子付近、犬吠埼《いぬぼうさき》のところで海岸線が大きく鋭角に東に突出しているのが目立っています。この銚子の南北では、長い砂浜の海岸が続いています。

銚子から北へは、茨城県大洗付近までの鹿島灘沿岸、銚子から南へは、千葉県の一宮町付近までの65キロメートルにわたって、九十九里浜《くじゅうくりはま》とよばれる緩やかな曲線の滑らかな海岸線が続きます（図６・３）。

この海岸は岩石ではなく、崩れやすい堆積層が削られたり、川から供給されたりした砂からなる浜です。砂からなる浜は、長さの長短、規模の大小の違いはあれ、多かれ少なかれこのような形状をしていて**砂浜海岸**とよばれています。

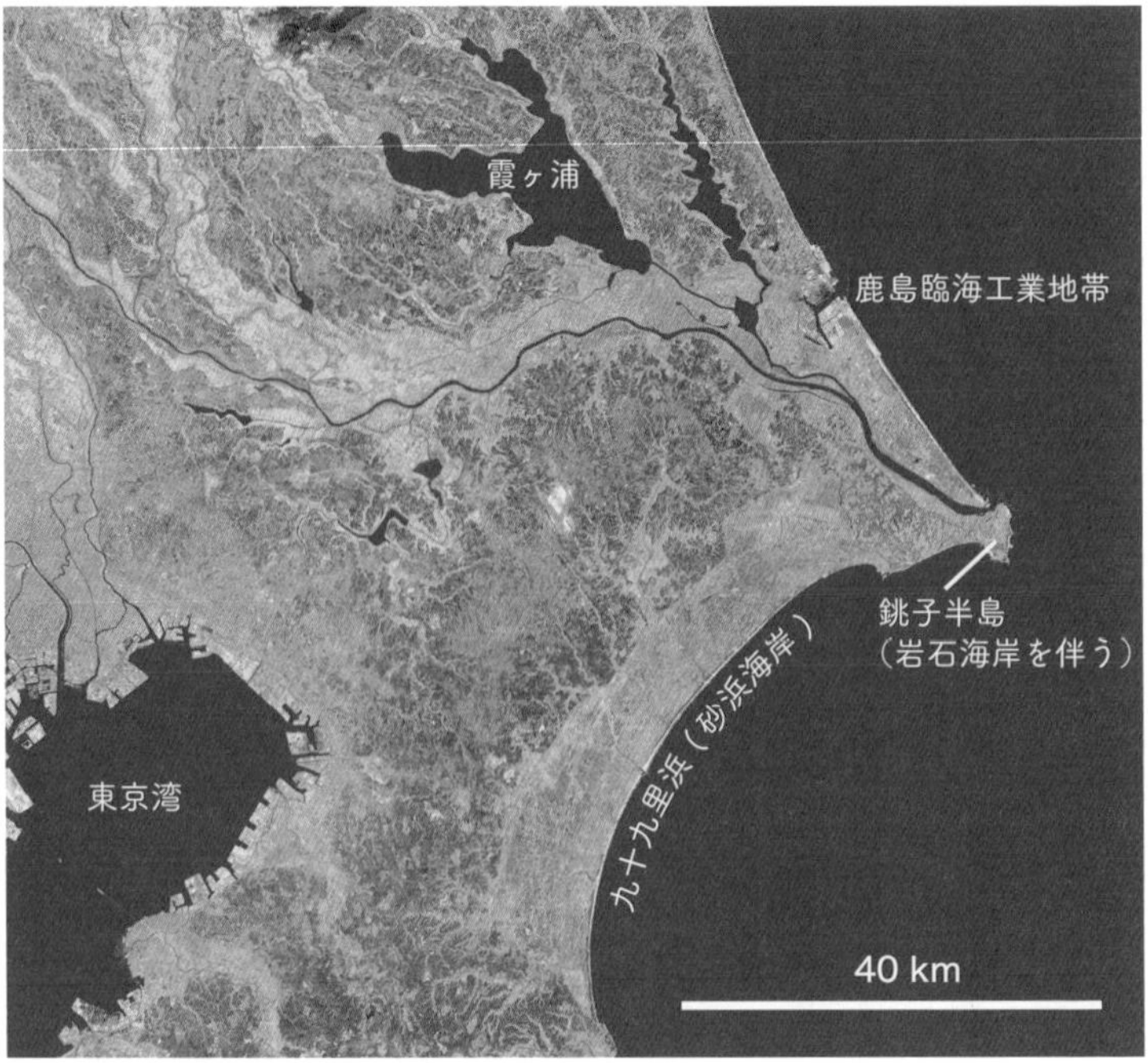

図6・3　関東の東端、九十九里浜と銚子半島。

白砂青松《はくしゃせいしょう》という言葉がありますが、これは日本の砂浜海岸の象徴的な景色です。白砂は石英や長石という鉱物を多く含む海岸の砂で、青松はしばしば砂の丘の上に生い茂る松を意味します。黒っぽい砂となる砂鉄などを多く含む海岸を除けば、典型的な砂浜海岸の風景を象徴しているといえるでしょう。

ここでは、砂浜の海岸に波が打ち寄せ、また引いていく、そんな運動を果てしなく繰り返しているのです。

磯は岩石からなる岩石海岸

白砂青松の砂浜海岸と対をなして、日本の海岸線をふち取るもうひとつが**岩石海岸**です。波打ち際が砂浜ではなく、石や岩で覆われていて、そこに波が打ち寄せては砕け散ります。場所によってはテーブル状の岩棚があったり、岩の間には潮溜まりなどもできたりして、海の小さな生物がいたり藻なども繁茂したりします。こうした磯の中でも、波の荒く高く激しい場所は、荒磯とよんだりしています。

大雑把にいえば、磯はだいたい岩石から成り立っている岩石海岸です（図６・４）。硬い岩石は山や火山などを形づくることが多いので、磯が見られるのは山、あるいは起伏のある丘陵や台地の一部が海に接しているところが多いようです。

磯に近づくときは、海までが遠い砂丘を伴う砂浜海浜と異なり、海岸線から離れたところからでもすでに海が見えてきます。これは海岸へのアプローチとなる道が丘陵や台地、ときには山に沿ってあるためで、視線が高いためです。

このような視線が高く、海の眺めがよい場所の中でもとくに海側に突き出た場所には、○○岬、○○崎（埼、碕）、あるいは○○鼻などといった名前がついています。宗谷岬、

図6・4　千葉県銚子市、犬吠埼で見られる岩石海岸。

襟裳《えりも》岬、石廊崎《いろうざき》、伊良湖《いらご》岬、潮《しおの》岬、室戸岬、足摺《あしずり》岬などなど、誰でもいくつかは知っている有名どころをあげればきりがありません。また、誰もその名前を知らないような小さな出っ張りもあります。こうした出っ張りで名前のついているところを、国土地理院の地理院地図から、全部拾い出してみると、日本全国（北方領土も含む）では3800を超えるという調査もあります。島が多く長い海岸線をもつ、日本の海岸線がいかに細かくでこぼこしているかが、このことからもうかがえます。

こうした岬・崎・鼻といった出っ張

りの多くでは、その突端で波しぶきが上がる岩礁の風景が見られます。海、すなわち波の働きにより陸地が削り取られ浸食が進むのですが、岩石からなるところ、とくに硬い岩石があるところは浸食に抵抗するのでいつまでも陸地として残り、結果として海に突き出た岬の地形になるのです。半島や岬は多くの場合硬い岩石からなり、磯になっています。このように海岸線の形は、思った以上に海岸付近の地質の硬さが影響しているようです。

先にも述べたように、関東地方の地図を見ると、利根川の河口にあたる銚子半島の犬吠埼のところで海岸線が大きく鋭角に東に突出しているのが目立ちます。犬吠埼は、標高の高い山岳地を除き、北海道・本州・四国・九州の平地でいちばん早く初日の出を見ることができる場所として知られています。

銚子付近だけが、なぜ東側に突き出ているのでしょうか？　利根川の堆積の影響もありますが、じつは海岸に露出する岩がその答えのひとつかもしれません。

犬吠埼付近の磯には中生代の硬い堆積岩（銚子層群や愛宕山層群）が分布します（図６・４）。関東平野の西側と北側に広がる関東山地や足尾山地をつくる岩石の続きですが、関東の平野部では犬吠埼周辺と茨城県那珂《なか》湊《みなと》付近くらいにしかありません。

これは偶然の一致とは思えません。おそらく犬吠埼周辺の硬い岩石の存在と、最近100万年間の関東の地殻変動が、関東平野を銚子付近まで引き伸ばしたのだと思われます。

崖や断崖絶壁も

国内の海岸の多くは磯か浜、あるいはそれら両方からなる場合がありますが、もうひとつ海岸線で目立つものに崖があります。

岩磯の上を見ると、そこには崖が屹立《きつりつ》している場合も、少なくありません。ところによっては断崖絶壁というような風景もあるでしょう。

岩石海岸は、もともと起伏のある場所に存在しやすいのですが、そのようなところで海からの波浪による浸食が進むとどうなるでしょうか。波が起伏を削っていくので、海岸のすぐ背後には高い崖ができあがります。いわば、海が陸に食い込むことによって生じる崖なので、**海食崖**《かいしょくがい》とよばれます。

崖と小湾と入江が複雑なでこぼこをつくっている**リアス（式）海岸**は、もともとは水流により形成された谷が海に没したために生じた地形です。現在は標高ゼロメートルの場所も、海面が低下していた約２万年前の氷期には、標高約１００メートルの場所でした。リアス（式）海岸の代表的なところに三陸海岸があります。当時の三陸海岸は北上山地下部の山がちな場所で、当然ながら谷も複雑に発達していたはずです。そこに海が侵入してきて山と海が接することになったのです。

したがって、三陸海岸のほとんどは岩石海岸で、しかも海食崖がよく発達して、断崖絶壁になっている部分が多いのです。

リアス（式）海岸で知られた三陸海岸でも、じつはすべてが岩石海岸というわけではありません。海が侵入して湾となった場所もあります。そこでは谷の出口に浜が形成されます。谷が大きいのであれば、多量の土砂により湾が埋め立てられるのですが、三陸の河川はそれほど規模が大きくなく、湾入《わんにゅう》を消し去るほどの土砂は供給されませんでした。

わずかに堆積した場所では宮古、釜石、大船渡、気仙沼などの街がつくられました。また小さな浜ですが、宮古市に浄土ヶ浜とよばれるところがあります（図６・５）。

宮古湾の中のさらに岩陰に隠れたところなので波が弱く、独特な景色から浄土ヶ浜と名づけられたようです。ここでも白砂青松的な風景が見られます。ただし松の木は砂丘の上でなく目の前の岸壁の上に、また海岸には砂でなく、白い流紋岩溶岩のレキが積み重なっ

図6・5　岩手県宮古市、浄土ヶ浜のレキ浜海岸。

ているレキ浜です。白砂青松も場所を反映していろいろと変化に富んでいます。

ところで、一見すると、よく似ていることからリアス（式）海岸から**フィヨルド**を連想されるかもしれません。しかし、過去の氷河の浸食により形成されたフィヨルドと、氷河とは無関係なリアス（式）海岸は、まったく別のものです。その規模も、その奥行きの深さは2００キロメートルに及ぶ場合もあるというフィヨルドに対し、東北の三陸海岸で比較的奥深いといわれる宮古湾でも、せいぜい10キロメートルほどでしかありません。そもそも日本列島は緯度も低くて氷河は発達せず、フィヨルドができる条件をもっていません。

3 海岸風景に隠された日本列島の遠い将来

時間とともに変化する（日本の）面積

日本の面積は、38万平方キロメートルであるといわれています。しかし、それは現在の数字であり、これも時間とともに変化します。日本という概念もまだ通用していない遠い昔の話ですが、約2万年前の氷期には海面が低下し、水深120メートルまでの海底は陸化していました。つまり、現在よりは日本列島の面積は確実に広く大きかったのです。

では、これから先、将来はどうなるのでしょうか。

20年くらい前までは、長期的（少なくとも100年から1000年の単位です）には、日本の面積は増えることはあっても減ることはないでしょう、と自信をもって述べていました。その理由は、地球の寒暖のリズムからみれば、約7000年前の温暖期のピークを過ぎて、現在の地球は次の氷期に向かう段階にあるので、海面は低下（海面が低下すれ

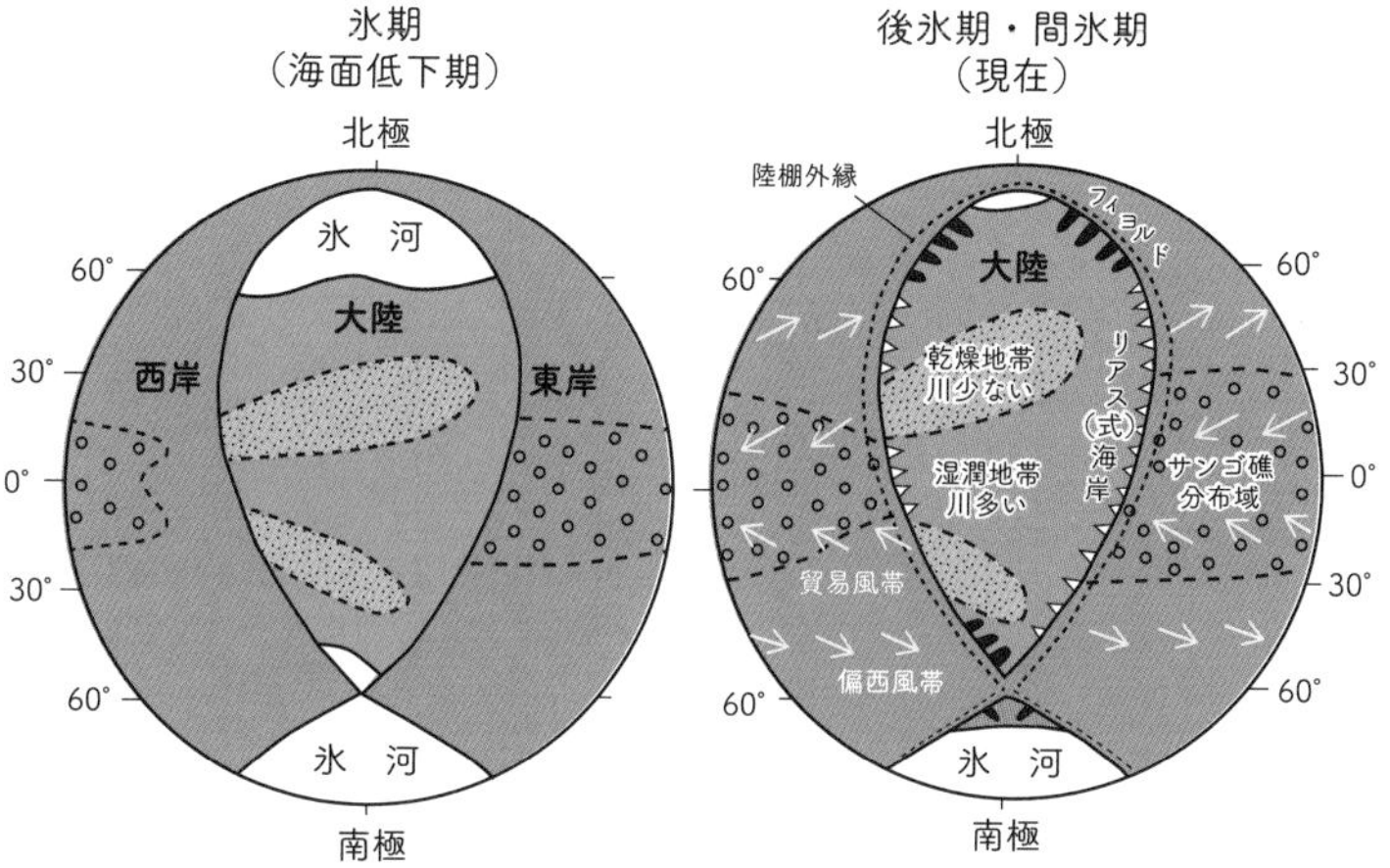

図6・6　地球規模で見た海岸の地形。貝塚（1992）を改変。

ば陸地が広がる）する方向にあったと考えていたからです。図6・6に陸棚外縁という点線がありますが、ここまで陸地が広がるのです。

また、別の理由としては、日本列島の海岸付近は、多くの場合**海成段丘**（**海岸段丘**）が発達するからです。海成段丘とは浸食や堆積により、陸に近い浅い海底にできる平坦な地形が起源です。このような海底にあるはずの地形が陸上にあるということは、海面が下がったか、隆起が起きたかのどちらかです。詳しい説明は省略しますが、結果的には海成段丘がある場所は隆起傾向にあるため、陸地が広がるからです。

隆起は地震の際に起きる場合もありますが、いずれにせよ地球内部に原因をもつ地殻変動によるものであり、この点については今も考えは変わりません。

しかし、次の氷期に向かうという点については、地球温暖化問題が浮上してからは怪しくなりました。地球温暖化が進めば極域の氷河が溶け出し、海水が増加して陸地が狭められます。これは地球上のあらゆる海岸で同時に起きる現象なので、国土が海面すれすれである国にとっては存亡に関わる問題です。

さて、このような地球レベルでの海岸線変化を頭の片隅においた上で、日本各地の海岸変化を見てみましょう。前節で海岸線のタイプには砂浜海岸と岩石海岸があることを紹介しましたが、砂浜海岸と岩石海岸では変化のパターンがまったく異なります。

後戻りできる地形——砂浜海岸

砂浜海岸は、元に戻ることができる地形です。砂浜海岸は砂からなる場合でもレキからなる場合でも、それが増えれば浜は広がり海岸線は少し海側に前進しますが、減少すると浜が痩《や》せて海岸線が陸側に移動します。

図6・7　ヘッドランドや離岸堤とよばれる海岸浸食を防ぐための建造物、新潟県信濃川関屋分水路河口右岸付近の海岸。2009年9月撮影。

砂やレキの増減は、その周囲からの供給量によります。わかりやすい例が、川からの供給量変化による海岸線の変化です。川の上流部にダムが造られ、上流から本来運ばれてくるはずのレキや砂が水とともに上流部で蓄えられました。すると河口まで運ばれていたレキや砂の量が減り、周囲の海岸に供給されなくなり、結果的に海岸が痩せ細りました。これも、日本国内各地の海岸線で起きている問題です。

静岡県の三保松原《みほの》では安倍川上流部のダム建設が原因で海岸が浸食傾向にあります。京都府北部の天橋立《あまのはしだて》も周囲の河川からの砂の供給量が減少し、痩せ細りました。しかし砂を運び込んだり、波の力を弱める建造物（図6・7）を築くことにより、砂浜の形を元に戻すことが可能です。可逆－不可逆という言葉がありますが、砂浜海岸は可逆な地形です。

日本の砂浜の将来は、どうなるのでしょうか。海岸浸食を食い止める方策をとらず、しかも地球温暖化がこのまま進み、海面が上昇すれば海岸はさらに浸食が進むことが予想されます。日本の国土が狭くなる方向です。このように砂浜の風景は、長い目でみると人間の土地に対する働きかけと、地球レベルの環境変化とでその将来が決まってくるのです。

二度と元に戻れない地形――岩石海岸

岩石海岸の変化のパターンは、砂浜海岸と大きく異なります。その変化は不可逆です。岩石海岸で起きることは基本的に陸地が削れていくという浸食です。もちろん部分的に小規模な砂浜を伴うこともありますが、基本は波が打ちつける岩が露出する場です。浸食された岩が再び元の形に戻ることはありません。削られ続けるか、そのまま同じ形を留めるかのいずれかです。この点が、砂浜との大きな違いなのです。

日本各地の海岸では、海食崖が大変に印象的な風景をつくり上げています。

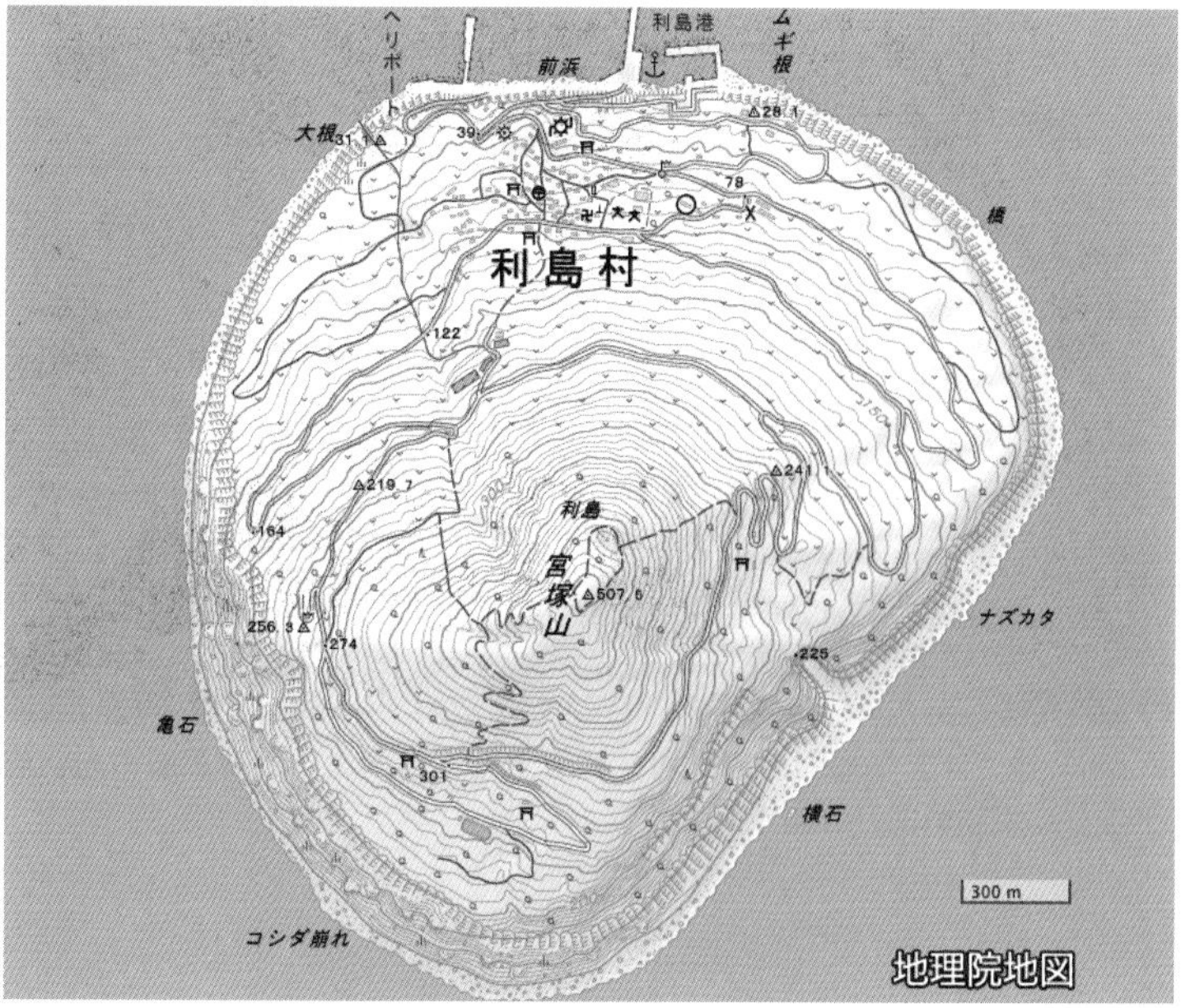

図6・8　伊豆諸島北部、利島の地形図。（地理院地図による）

まずたいていの人は、海食崖を無意識に見ているはずです。たとえば、灯台に訪れたことがある人は多いでしょう。灯台は、遠くからその存在がわかるように、海に突き出た高いところに位置しています。その灯台の足元にある崖は多くの場合、海食崖です。

図６・８は伊豆諸島北部の利島《としま》の地形図です。利島は富士山型の活火山からなる火山島であり、その周囲は海食崖に囲まれています。南側は大きい場合で比高２００メート

図6・9　能登半島西岸志賀町、能登金剛の海食崖。新第三紀の火山岩からなり表面の凹凸が著しい。

ル以上の海食崖からなり、人を寄せつけません。

図6・9は能登半島西岸にある、能登金剛とよばれる海岸です。**海食洞（門）**とよばれるえぐれた地形や突出した岩などを伴う複雑な海食崖であり、これ自体が能登半島のひとつの景勝地になっています。

図6・10は、同じく能登半島にある見附島または軍艦島などとよばれる島です。長さが160メートル程度、高さは30メートル弱の名前どおりの船のように細長い小島です。まわりは海食崖に囲まれていますが、この地域特有の泥岩からできており、海食崖はのっぺりしています。

図６・10　能登半島北部珠洲市、見附島の海食崖。新第三紀の泥岩からなり表面は比較的滑らかである。

このように海食崖の表面の違いは、海食崖の地質の性質によります。

海食崖の様子を大きく分けるものに、植生の有無があります。図６・11は日本国内の代表的な海食崖である千葉県屏風ヶ浦の刑部《ぎょうぶ》岬付近で、約10キロメートルの長さをもつ屏風ヶ浦の西端です。海食崖の上には飯岡灯台や展望台がある、大変に眺めのよい場所です。なぜここで屏風ヶ浦が終わっているのでしょうか。

じつは海食崖自体は図の左（北西）側にも続き、向きを変えながら延々と九十九里浜の内陸部に続きます。何が違うかというと刑部岬の下付近まで目前に海が

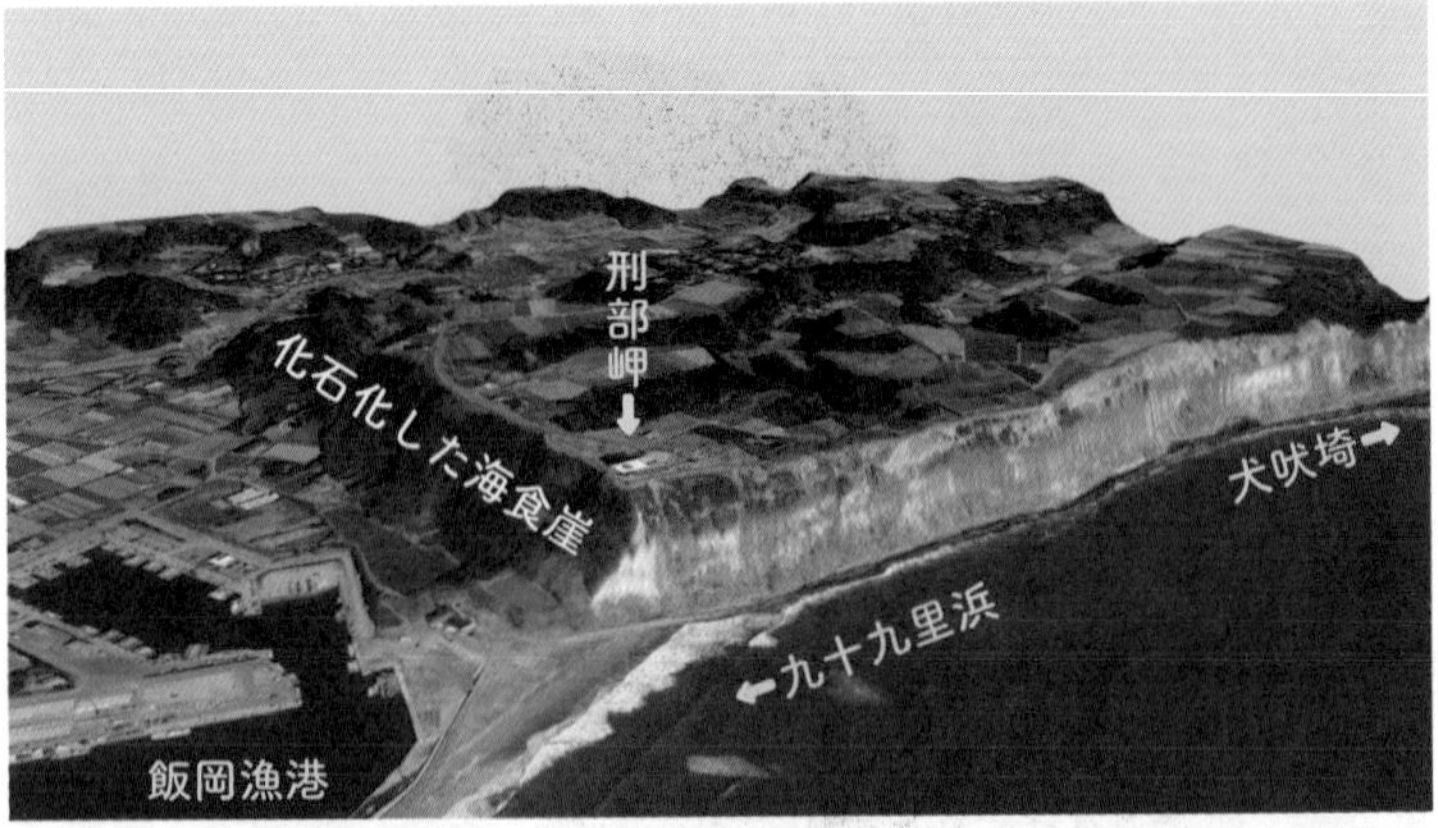

図6・11　千葉県屏風ヶ浦西端の刑部岬付近の地形。（地理院地図を加工して作成）

あるのですが、ここから九十九里浜側は崖の下に畑が広がるなどして海から遠ざかります。そして崖自体が、ここまで岩盤を露出していましたがここから九十九里浜側は植生に覆われます。

海食崖は波が打ちつけ少しずつ陸側に後退しながら地形が変化するのが特徴です。このため後退する限り植生が繁茂することなく、岩盤を常に露出させているのです。つまり写真中央を境に、右側は現在も後退を続ける、生きている海食崖です。そして、左側は動きを止めてしまった化石化した海食崖ともよべるものです。

図6・12　最近の屏風ヶ浦の様子。消波堤ができ海食崖基部に土砂がたまり植生が発達。2005年2月撮影。

海食崖の後退と風景

図6・11では、生きているとした海食崖を見ました。しかし、正確にいうと現在の屏風ヶ浦は、生きている状態から人工的に化石化しつつある段階にあります。

図6・12をよく見てください。海食崖の前面に消波堤が築かれています。このため海食崖に波が到達しにくくなり、海食崖から崩落した土砂が基部にたまり植生が発達しつつあります。まさに化石化しつつある姿です。

このままでは、崖自体にも植生がいずれ繁茂するかもしれません。屏風ヶ浦の断崖絶壁の風景は、地元の重要な観光資源でも

地　域	海食崖構成物質	崖高（m）	後退速度（cm/年）	文献
屏風ヶ浦（千葉）	第四紀泥岩	40	23～47	川崎、1954
明石（兵庫）	第四紀砂岩・泥岩	10±	13	吉川、1950
富山湾岸（富山）	完新世層	10－	50～100	吉川、1952
大甕（福島）	新第三紀砂質泥岩	5～15	平均30	山内、1964
大甕（福島）	第四紀砂層	13～20	平均70	〃　〃

図6・13　海食崖の後退速度の例。貝塚（1969）を改変。

あります。その魅力が失われるかもしれません。なぜそのような工事が進められたのでしょうか。じつは海食崖が生きたままだと、深刻な問題が生じるためです。

海食崖の後退速度を示したデータによると、屏風ヶ浦では最大で年間約０・５メートルの速度で海食崖の後退、すなわち陸地の消失が進んでいたのです（図６・13）。１００年では50メートルという速度です。屏風ヶ浦の海食崖の上には畑が広がっています。最近ではキャベツなどの生産地になっている、こうした土地が失われていくのは、ただでさえ平野の狭い日本にとっては大変なことです。農業を営んでいる人たちにとっては、まさに死活問題です。

このような理由から、国内では後退速度の速い海食崖では、波を打ち消す消波堤が築かれるようになりました。

しかし、一方で屏風ヶ浦での浸食が食い止められて土砂の供給量が少なくなったため、南側の九十九里浜の砂浜海岸が浸食傾向になりました（図6・12）。「あちらを立てればこちらが立たず」ともいえます。

風景ができあがるしくみには、このようにわれわれの生活に深くかかわる問題も多く含まれています。

おわりに

本書では、地理や地学に接する機会がなかった読者にもなじめるように、多数の風景写真を使用しました。いずれも著者が撮影したものです。中にはかつての仲間と訪れた山で1970年代末頃撮影したものもあります。風景を読むには風景写真だけでなく、空中写真や地図、とくに地理院地図やGoogleEarthが活用できます。本書を読んで地形の面白さを感じたならば、興味ある地域の地形をこれらにより調べ、現地で本物の風景を楽しんでください。

本書執筆以前、地質ではなく地形に重点をおき、それを解き明かす書籍が必要と漠然と感じていました。そんな時、大江高司さんより本書の構想をうかがいました。しかし執筆は遅れがちでこの間、編集担当の坂東一郎さんにはご心配をおかけしました。一方で執筆が進むと欲がでて、風景写真を求めて出かけ、新たな図も必要となり、小松亜紀さんに一部の図を作成頂きました。遠い過去に山に同行頂いた全ての方々から、企画・編集・作図に関わった方々、そして装画・挿画を描いて頂いた沢野ひとしさんに感謝いたします。

鈴木　毅彦

新函館北斗駅 70
水蒸気噴火 200
水田 222
数値年代 101
スコリア 159
スコリア丘 190
鈴鹿山脈 77
ストロンボリ式噴火 192
砂浜海岸 279
スマトラ島 34
駿河トラフ 57
すれ違い 56
諏訪湖 270
世 39
成層火山 162
潟湖 203
石炭紀 39
関宿町 66
石灰岩 133
瀬戸内火山岩類 208
瀬戸内海 100
せの海 187
ゼロメートル地帯 220
仙川 256
前弧海盆 91
扇状地 226
セントラルパーク 87
善福寺川 256
千里丘陵 244
閃緑岩 140
壮年山地 128
宗谷岬 282
側火口 180
側火山 180
側噴火 180
組織地形 131

た

代 39
堆積 217
堆積岩 94
堆積層 93
堆積平野 88
大山 164
台地 219, 243
大地溝帯 97
太平洋プレート 51, 80, 159
第四紀 164
第四紀火山 164
大陸移動説 52
大陸氷河 89
大陸プレート 50
高尾山 116
高輪台 250
高萩市 126
高梁川 129
滝谷花こう閃緑岩 141
蛇行河川 232
田沢湖 259
但馬 177
立川崖線 248
多島海 20
棚倉破砕帯 131
棚田 153
谷川岳 145
多摩川 24, 231
多摩丘陵 244
ため池 264
タンガニーカ湖 268
段丘崖 247
丹沢山地 138, 142
単成火山 163, 188
断層運動 80
断層湖 270
断層山地 81, 106
タンボラ火山 34
地殻 48
地殻変動 80
筑紫山地 78
筑紫平野 82
地形学 77
地形輪廻 127
地向斜 42, 135
地質時代 38, 39, 101
地質図 Navi 151
千島列島 31
治水地形分類図 234
秩父帯 97, 152
チャート 133, 153
中央アルプス 118
中央構造線 97
中国山地 129
中国山脈 78
中新世 39
中生代 141
中禅寺湖 187
鳥海山 203
超巨大噴火 109
銚子 279
直下型地震 25
地理院地図 31
沈降 42
塚 203
津軽平野 82
筑波稲敷台地 245
筑波山 66
九十九島（長崎県） 109, 205
ディヴィス，ウィリアム 127
手石海丘 194
低地 219
天塩山地 78
デジタル標高地形図 248
デルタ 239
出羽山地 78
田園調布台 251
電子基準点 44
天然ダム 261
天明噴火 195
天竜川 229
東京駅 70
島弧 32
島弧-海溝系 36, 40
洞爺カルデラ 259
洞爺湖 187, 259
十勝平野 82
独立峰 75
利島 293
土砂ダム 261
鳥取砂丘 278
利根川 218
トリプルジャンクション 40
十和田湖 109, 183, 187, 260

な

内核 49
内陸地震 25
中海 266
那珂台地 245
中田島砂丘 277
長良川 218
流れ山 201
流れ山地形 108
名残川 256
那須 177
名寄盆地 86
南海トラフ 56
南極大陸 39
南西諸島 31
男体山 164, 187
南部坂 250
新治台地 245
西太平洋 32
日本アルプス 118
日本海 31, 37
『日本統計年鑑』 115
ニュージーランド 34
沼田 222
年代 38
粘板岩 153
濃尾平野 82, 91, 218
濃飛流紋岩 176
野川 256
野田市 222

は

バイカル湖 268
背弧海盆 32
白亜紀 39
秦野市 262
八郎潟 266
馬蹄形カルデラ 204
ハドソン湾 89
パホイホイ溶岩 196
バリ島 34
榛名山 66, 167
半自然海岸 273
磐梯型噴火 200
磐梯山 109, 198
坂東深海盆 41
はんれい岩 140
東伊豆単成火山群 189
東茨城台地 245
東太平洋海嶺 59
非対称山稜 145
日高山脈 77, 78
飛騨山脈 77, 98, 102, 118, 138
桧原湖 201
ビュート 209
氷河 144
氷期 89
標高モデル 119
兵庫県南部地震 25
氷食谷 149
屏風ヶ浦 295
広島 239
琵琶湖 266
便船塚 203
フィヨルド 286
フィリピン海プレート 46, 51, 80, 99, 159
フォート・ロック 67
フォッサマグナ 97
富嶽三十六景 神奈川沖浪裏 63
付加体 95
吹上浜 278
複成火山 162
富士五湖 187
富士山 107, 160, 170
府中崖線 248
仏像構造線 97
プレート 50
プレート境界 54
プレート沈み込み帯 32
プレートテクトニクス 51, 135
平野 83
ペルー・チリ海溝 37
変成岩 94
変動帯 59
変動地形 131
宝永火口 181
伯耆富士 164
放散虫 153
房総丘陵 244
北米プレート 51
穂高岳 141
北海道胆振東部地震 104
本郷台地 244
本州 72
盆地 83

ま

マール 163, 194
牧ノ原台地 244
マグマ溜まり 159
松本盆地 270
丸亀平野 265
マントル 48
万年雪 148
三浦丘陵 245
三保松原 291
水 143
見附島 294
港区 250
南アルプス 118
南島 36
身延山地 78
美濃三河高原 92
三原山 181, 195
三宅島 182
妙義山 167, 168
ミレー 63
武蔵野台地 102, 244
室戸岬 282
目黒川 256
メサ 209
網状河川 229
茂原市 265

や

谷津 223
八ヶ岳火山 167
谷津田 223
谷戸 223
矢筈山 193
山 114
山中湖 187
有史時代 38
夕張山地 78
ユーラシア大陸 37, 47
ユーラシアプレート 51
湯釜 186
弓なり 31
溶岩円頂丘 164
溶岩原 189
羊蹄山 179
幼年山地 128
ヨーロッパ 33
横岳 168
吉野川 97
淀橋台 250
代々木公園 87

ら

リアス（式）海岸 284
陸弧 37
リソスフェア 49, 50
隆起 42, 136, 142
琉球列島 96
領海 273
領海線 33
両神山 150
領家変成帯 97
両白山地 78
令和元年台風 19 号 104
レキ 228
連山 78
連峰 78
老年山地 128
六甲山地 81, 99
六甲変動 99

わ

割れ目噴火 181

索　引

あ

アア溶岩 196
会津 198
会津富士 198
姶良カルデラ 184
青木ヶ原 187, 195
赤城火山 167, 174
赤石山脈 77, 118, 133, 138
秋元湖 201
浅間 168
浅間山 66
足尾山地 66, 78, 176
足尾銅山 141
足摺岬 282
芦ノ湖 187
アセノスフェア 49
阿蘇 160
阿蘇カルデラ 184
阿蘇山 99
安達太良火山 84
阿武隈山地 80, 125, 141
アフリカ 33
安倍川 291
天城山 188
天橋立 291
荒川 236
有明海 206
有馬 177
アリューシャン列島 31
飯野山 206
石狩砂丘 278
石狩山地 78
石狩平野 82
伊豆大島 181
伊豆・小笠原海溝 98
伊豆諸島 55
伊豆半島 99
いすみ市 265
一木塚 203
一碧湖 194
糸魚川駅 70
糸魚川－静岡構造線 97
猪苗代湖 198, 266
犬吠埼 279
揖斐川 218
伊吹山地 78
伊良湖岬 282
入間川 236
石廊崎 282
インドネシア 34
ウェーゲナー，アルフレッド 52
上町台地 244
有珠山 194
内灘砂丘 278
宇奈月温泉駅 227
雲仙普賢岳 194
越後山脈 77
越後平野 82, 218
越年性雪渓 148
江戸川 222
荏原台 251
エベレスト 133
襟裳岬 282
縁海 32
遠州灘 277
奥羽山脈 77
大磯丘陵 262
大落古利根川 235
大阪平野 82
大浪池 186
大室山 190
大森貝塚 247
大谷石 176
小笠原諸島 55
御釜 186
奥多摩 76
奥日光流紋岩 176
落穂ひろい 63
越辺川 236
鬼押出し 195
小野川湖 201
御前崎 46

か

カール 149
外核 49
海岸線 33, 72
海岸段丘 289
海溝 32
外作用 143
海食崖 284, 292
海食洞 294
海成段丘 289
海跡湖 267
開聞岳 179
海洋プレート 50
海嶺 53
核 49
火口 163, 178
花こう岩 139
火口湖 186
鹿児島中央駅 70
火砕流 109
花綵列島 36
火山 158
火山岩 140
火山前線 162
火山フロント 162
鹿島灘 279
霞ヶ浦 266
火星 122
火成岩 94
活火山 159
葛飾北斎 63
活断層 25, 58, 106
火道 178
カナダ 33
下部マントル 48
上川盆地 86
軽石 159
カルデラ 163, 183
カルデラ噴火 100, 184
カワゴ平火山 193
岩石海岸 281
神田川 256
乾田 222
関東山地 66, 76, 78, 150
関東平野 65, 102, 219
関東ローム層 88
陥没カルデラ 183, 204
期 39
紀 39
紀伊山地 78
気候地形 145
象潟 108
象潟岩屑流 203
汽水 267
季節風 147
木曽御嶽火山 174
木曽川 218
木曽山脈 77, 81, 118
北アルプス 118
北上山地 80, 125, 141
北島 36
北岳 133, 138
北見山地 78
北見盆地 86
鬼怒川 245
紀ノ川 97
基盤岩 89, 93
吉備高原 129
起伏 40
逆断層 81
休火山 159
九州山地 78
丘陵 219
凝灰岩 176
刑部岬 295
曲降 80
曲動 80
曲隆 80
曲流河川 232
巨礫 229
霧島山 186
金星 122
空気 143
グーグルアース 31
草津 177
草津白根 168
草津白根山 186
九十九島（秋田県） 203
九十九里浜 295
屈斜路カルデラ 184
屈斜路湖 109, 183
クッタラカルデラ 184, 259
倶多楽湖 184, 259
熊本地震 25, 105
クラカタウ火山 34
グリーンタフ 177
クリンカー 196
黒部川花こう岩 141
黒部川扇状地 227
月面 122
ケルマデック海溝 36
圏谷 149
弧 31
コア 49
高原 77
豪雪地帯 155
構造平野 90
高地 77
江東デルタ地帯 240
後背湿地 219, 235
甲府盆地 84
氷 143
郡山盆地 84
国土地理院 31
国分寺崖線 24, 248, 254
五色沼 109, 198
弧状列島 32
古生代 133
古代湖 269
古第三紀 89
国境 33
御殿場岩屑なだれ堆積物 203
古東京湾 252
古琵琶湖 268
コラ半島 51
孤立峰 162
根釧台地 65
根釧平野 82

さ

西湖 187
最終氷期 149
砕屑丘 190
埼玉県川島町 236
蔵王山 186
相模川低地 83
相模トラフ 57
相模野台地 83
相模平野 82
砂岩 153
佐久平 116
桜島 160, 195
佐田岬半島 97
擦痕 90
讃岐富士 206
讃岐平野 82
狭山池 265
狭山丘陵 244
サロマ湖 266
山塊 79
三角州 238
三角点 44
三重会合点 40, 54
山体崩壊 107, 200
山地 76, 77
三波川変成帯 97
山脈 75, 77
三葉虫 133
三陸海岸 285
GPS 44
潮岬 282
死火山 159
磁気異常 53
四国山地 80
四国山脈 78
支笏湖 187
地すべり 153
沈み込み 56
沈み込み帯 58
自然海岸 273
自然堤防 219
自然堤防帯 232
湿潤変動火山帯 111
湿潤変動帯 111
信濃川 218
島 72
島原大変肥後迷惑 205
島原半島 204
四万十帯 96
下北砂丘 278
下末吉台地 245
下末吉段丘 252
下総台地 244
石神井川 256
ジャワ海溝 34
ジャワ島 34
周氷河作用 148
重力 143
ジュラ紀 39
準平原 127, 128
貞観噴火 195
精進湖 187
浄土ヶ浜 285
衝突 56
衝突帯 58
庄内平野 82
上部マントル 48
上毛三山 168
昭和新山 194
白神山地 78
シラス台地 184
白馬岳 146
白金台 250
白米千枚田 155
人工海岸 273
宍道湖 266
浸食 216
浸食輪廻説 127
深成岩 140
震生湖 262
新生代 39
新第三紀 39, 155
新丹那トンネル 69

著者紹介

鈴木 毅彦（すずき・たけひこ）

▶1963年静岡県生まれ。東京都立大学理学部地理学科卒業、同大学大学院理学研究科修了、理学博士。現在、東京都立大学都市環境学部地理環境学科教授、同大学火山災害研究センター長。専門は、自然地理学・地形学・第四紀学・火山学。研究内容は日本列島の火山灰編年学、最近は東京の地形や地下地質、伊豆諸島の火山噴火史など。『わかる！取り組む！災害と防災火山』（帝国書院）、『日本の地形4 関東・伊豆小笠原』、『写真と図で見る地形学』（東京大学出版会）などの共著書がある。

◉── 装丁・本文デザイン　都井美穂子
◉── 装画・挿画　沢野ひとし
◉── 編集協力　有限会社でん
◉── DTP・本文図版　あおく企画

日本列島《にほんれっとう》の「でこぼこ」風景《ふうけい》を読《よ》む

2021年 4 月 25 日　初版発行

著者	鈴木《すずき》 毅彦《たけひこ》
発行者	内田 真介
発行・発売	ベレ出版 〒162-0832　東京都新宿区岩戸町12 レベッカビル TEL.03-5225-4790 FAX.03-5225-4795 ホームページ　https://www.beret.co.jp/
印刷・製本	三松堂株式会社

ISBN 978-4-86064-653-0 C0044　　編集担当　坂東一郎